機械・工具必携ハンドブック

提案のかんどころ

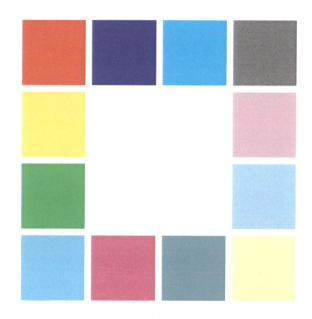

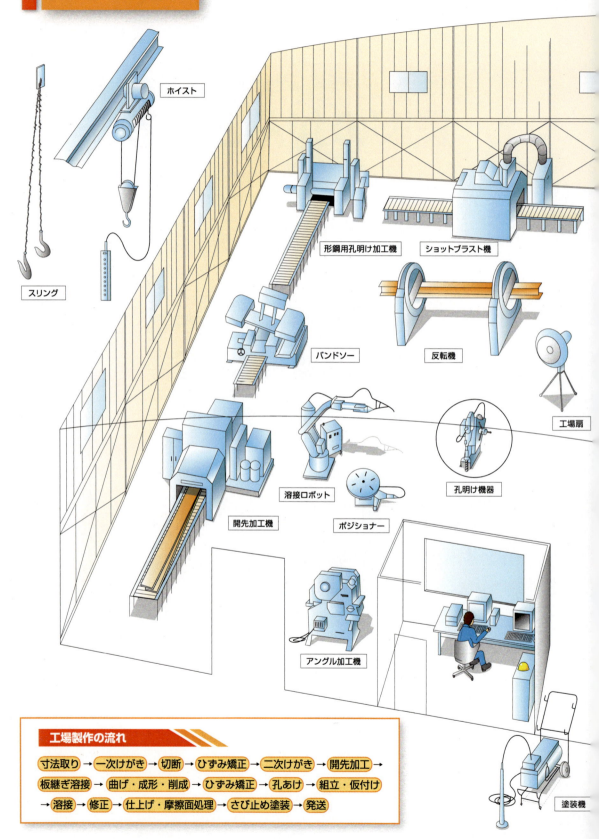

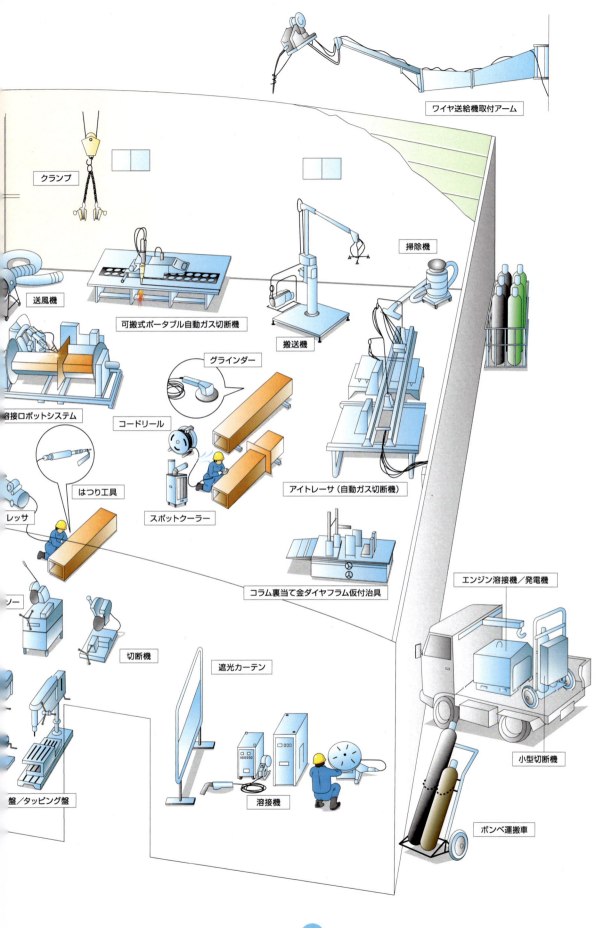

板金工場

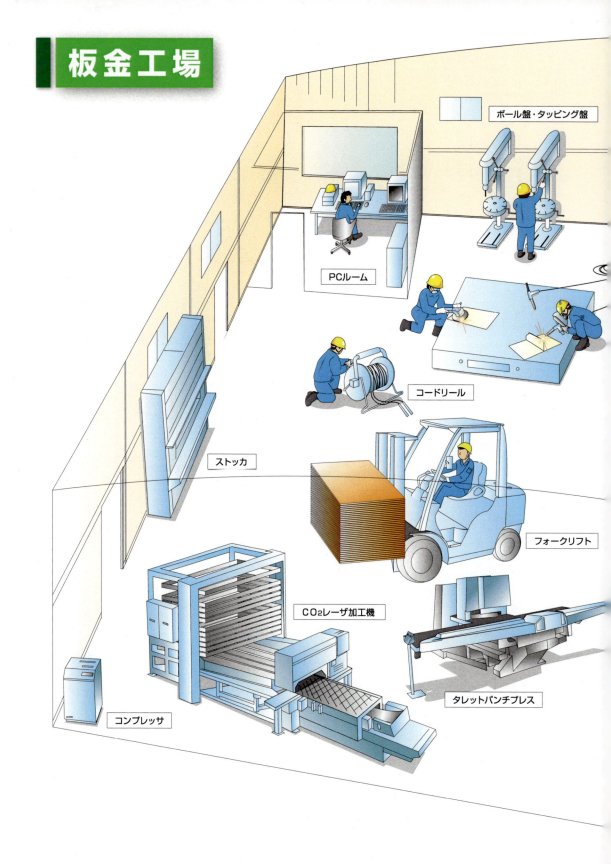

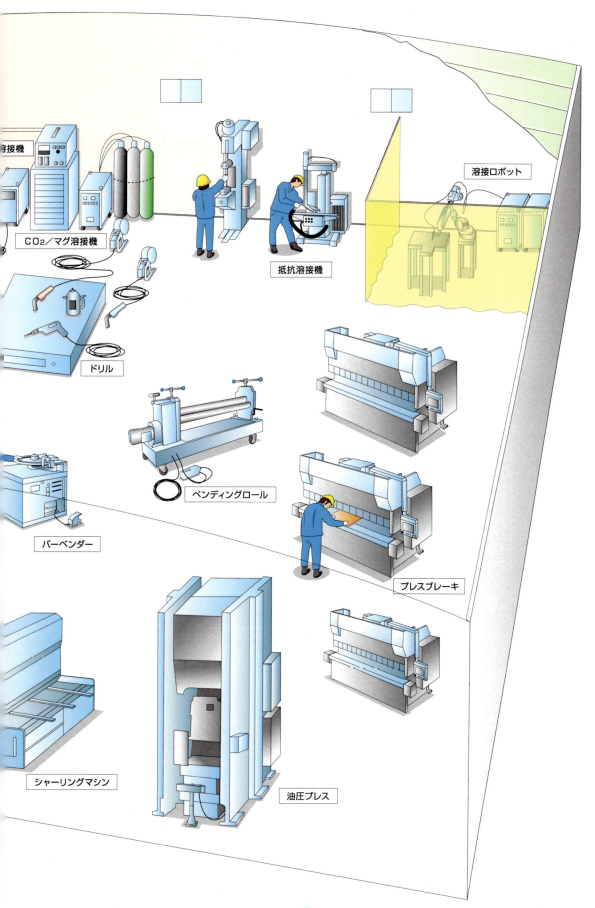

製缶工場

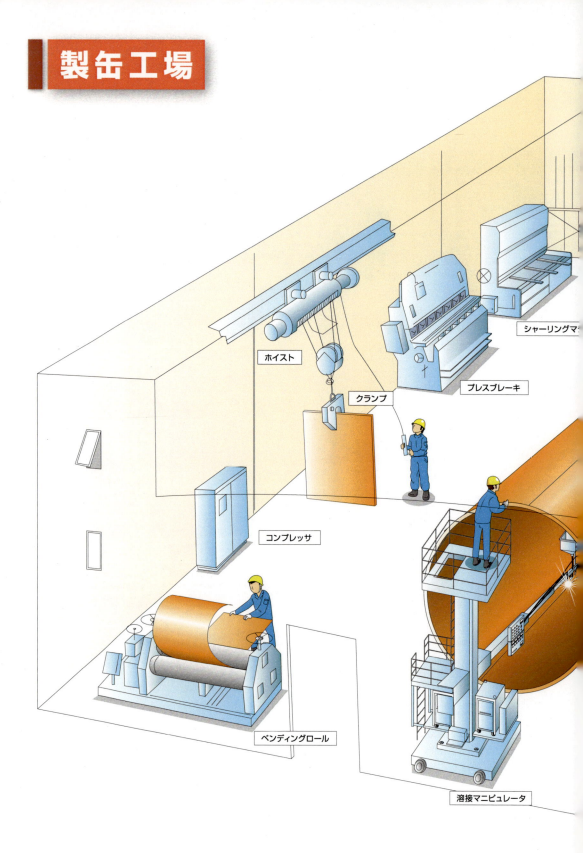

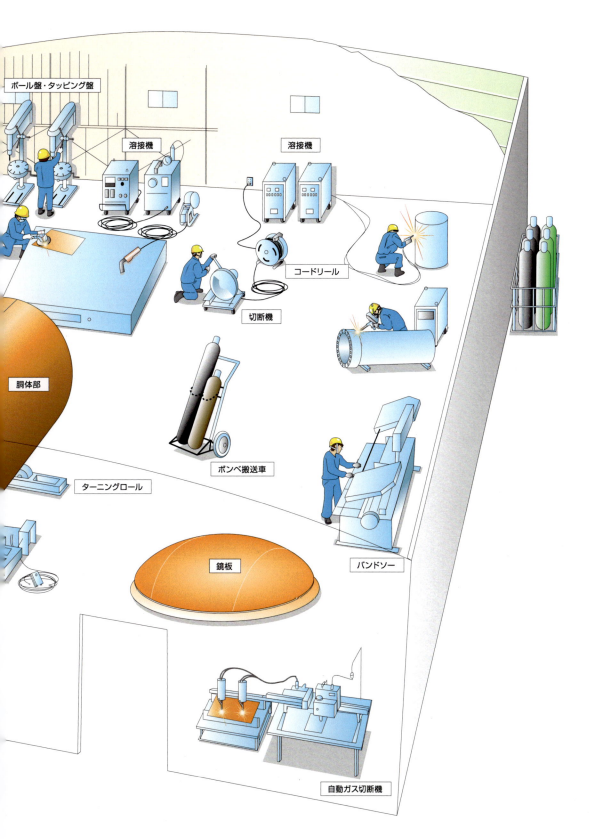

目　　次

図解工場ガイド ……………………………………………… 2

電動工具　基礎知識と提案のかんどころ

1　電動工具（コード式）の基本構造 ………………………… 9
2　電動工具の冷却 ……………………………………………… 10
3　バッテリー工具 ……………………………………………… 11
4　ディスクグラインダーを提案する ………………………… 11
5　ディスクグラインダーのトラブル ………………………… 12
6　ディスクグラインダーのトレンド ………………………… 13
7　提案で売れるディスクグラインダー ……………………… 14

コンプレッサー　基礎知識と提案のかんどころ

1　圧縮機の基礎知識 …………………………………………… 15
2　圧縮機のエアー品質について ……………………………… 17
3　スクリュー圧縮機の容量制御について …………………… 18
4　圧縮機に関係した着目点 …………………………………… 21
5　各改善項目の主な内容 ……………………………………… 22
6　圧縮機の吐出圧力を下げる理由 …………………………… 23

レーザ加工機　基礎知識と提案のかんどころ

1　基礎知識編 …………………………………………………… 25
2　提案のかんどころ …………………………………………… 26

鉄骨用加工機　基礎知識と提案のかんどころ

1　提案営業とは？ ……………………………………………… 34
2　鉄骨とは？鉄骨製作会社とは？ …………………………… 35
3　一次加工とは？ ……………………………………………… 35
4　お仕事に活かしていただくには？ ………………………… 40

クレーン・ホイスト　基礎知識と提案のかんどころ

1　クレーンとは？ ……………………………………………… 41
2　クレーンの分類 ……………………………………………… 41
3　ホイストとは？ ……………………………………………… 43
4　クレーン及びホイストの寿命 ……………………………… 44
5　クレーンとホイストの安全な使用について ……………… 44
6　クレーン・ホイストの最新トレンド ……………………… 46
7　クレーン・ホイスト仕様確認ポイント …………………… 47

提案のかんどころ－資料編－

レーザ加工システムの構成 …………………………………… 49
主要材料の化学成分表（鉄鋼） ……………………………… 50
主要材料の化学成分表(非鉄) ………………………………… 51
めっき鋼板 ……………………………………………………… 52
鋼板重量表 ……………………………………………………… 53
工業材料元素の性質 …………………………………………… 54
金属材料の物理的性質 ………………………………………… 55
鉄骨構造の接合方法 …………………………………………… 56

機械・工具必携ハンドブック

電動工具
基礎知識と提案のかんどころ

ボッシュ 株式会社
吉沢　昌二

1　電動工具（コード式）の基本構造

　電動工具には100Vのコンセントから電源を取るコード式と、電池の力で動かすバッテリー式の2種類があります。これらの電動工具を販売していくうえにおいては、まず、それぞれの基本的な構造について理解しておく必要があります。

　まずコード式の電動工具ですが、100V電源から送られる電気によって中に組み込まれているモーターが動き、様々な作業を行います。しかし、いくら電気が100％通っていても、仕事量としては100％の力を発揮することはできません。なぜなら、電気によってモーターが回転力に換わるとき、発熱したり、音が出たりするほか、発熱を抑える冷却機能が働くなどして、エネルギーを約30％ロスしてしまうためです。さらに削る、磨くなどの作業を行う際に発生するギアの摩擦抵抗が約10％加わるため、いくら最高に効率の良い電動工具を使用したとしても、最大で約60％の力しか発揮できないということになります。

　ここで覚えておいてほしいポイントは、「最高に良い環境で、最高に良い電動工具を使用した時でさえ作業効率としては約60％の力しか発揮できない」ということです。

　皆さんのお客様の職場環境はいかがでしょうか。例えば、遠いところから近くに電源を持ってくるために使用される電工ドラムは、コードをぐるぐる巻きのまま使用されているケースが多いと思われます。これはコイルをぐるぐる巻いているモーターと同じ状態にあり、電圧降下が起きるほか、時には発熱して機械の故障の原因にもなりかねません。このような環境下で電動工具を使用すると、作業効率は60％をはるかに下回ってしまいます。

　そこでまず、お客様に対しては電動工具を売る前に、作業効率の改善から提案していくことを心がけていただきたいと思います。そうすることで、電動工具は最大限の力を発揮でき、お客様のお役に立てるのです。

●● 提案のかんどころ ●●

2　電動工具の冷却

　作業効率を改善するために重要なポイントの一つとして、「モーターを冷却する」という対策が挙げられます。電動工具にはあらかじめモーターを冷却するためのファンが内蔵されており、モーターと同じ回転数で回転することによって外部から空気を取り込み、内部を冷却する仕組みになっています（**図1**）。ここでチェックしていただきたいポイントは、お客様が空気取り入れ口を確保した状態で使用されているかどうかということです。空気取り入れ口は通常、本体の後部に設けられていますが、ここをふさいだ状態で使用してしまうと空気が取り込めず冷却できないため、結果として作業効率が悪くなっていまします。

　しかし、いくら空気取り入れ口を確保して作業していても、大きな負荷がかかる作業や長時間の連続運転などで電動工具が熱くなる場合があります。そのような相談を受けたときは「冷ましてください」とアドバイスするのですが、どうすればよいのかわからないお客様もおられ、中には「冷蔵庫で冷やせば良いのか」という方も過去にいらっしゃいました。それよりも効率よく冷やす方法があります。それは「無負荷の状態で100％の回転数にして、空気の取り入れ口・排出口をふさがずに本体の冷却ファンを回して冷却する」という方法です。すなわち、空回しです。こうすることで従来、電動工具自身が持っている冷却能力を最大限に発揮することができます。いくら熱くなった電動工具でも時間にすれば2分くらいあれば十分冷却できますので、現場等でそのようなシーンに出くわしたときは是非ともアドバイスしてあげてください。

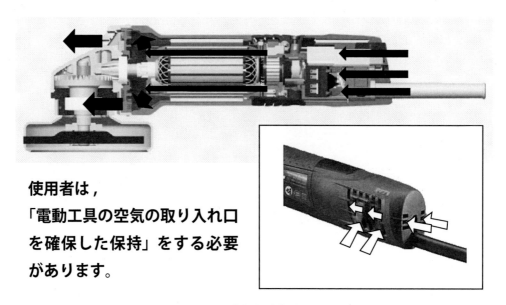

使用者は，
「電動工具の空気の取り入れ口を確保した保持」をする必要があります。

図1　モーター内部を冷却する仕組み

3　バッテリー工具

バッテリー工具は電源が文字通り充電式のバッテリーで、メーカーによっては充電工具・コードレス工具などと呼ぶケースもあります（**図2**）。バッテリーにはニッケルカドミウム電池（ニカド電池）、ニッケル水素電池、そしてリチウムイオン電池の3種類があり、それぞれが混在している状況にありますが、現在の主流はリチウムイオン電池となっています。リチウムイオン電池は管理が容易で、効率が非常に良いので、お客様から注文を受けたときはぜひともリチウムイオン電池に対応するバッテリー工具をお勧めしてください。

図2　バッテリー工具

バッテリー工具のモーターは直流式のモーターを採用していますので、低回転でも非常に大きなトルクを持っているのが特徴です。電気自動車の出足が非常に速いのもそのためです。バッテリー工具はこうしたパワーに加え、コードがなく、取り回しが良いことから、あらゆる職種で使用されるようになってきました。販売構成比でいうと、バッテリー工具はすでに50％に達しており、今後もますます構成比を上げていくだろうと予測しています。それは、電圧が大きな18Vクラスのコードレス工具で、すでに100Vのコード式に匹敵するパワーを持った製品が登場しているからです。

バッテリー工具は移動して作業するケースが多いため、発熱することは稀だと思いますが、万が一、熱くなってしまった場合は、コード式工具と同様に無負荷運転をしていただくようアドバイスしてください。

4　ディスクグラインダーを提案する

砥石をセットして切る、磨く、削るといった作業を行うディスクグラインダーは、ものづくり現場のあらゆるシーンで活用されています。そのディスクグラインダーに対するユーザーニーズを当社が調べたところ、「能力」はもちろんのこと、それと同じくらい「安全性」「操作性」に対する要求が強いということがわかりました。特に「安全性」については、能力と同じくらいに重要視されているのが実情です（**図3**）（次ページ）。

砥石外周上の1点が1秒間に進む速さのことを「周速度」といいますが、「毎分33mの周速度」とは一体、どれくらいの速さかご理解いただけるでしょうか。実はこれを時速に換算すると、200km/hを超えています。この速度で刃物が回転しているのですから、安全面に神経を遣うのはもっともなことだと言えるでしょう。

そのため、ディスクグラインダーを使用する際には安全性を確保するための法令が定め

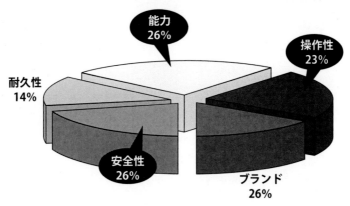

図3　ディスクグラインダーのユーザーニーズ

られています。それは、①事業者は砥石の交換・試運転について特別教育を受けた人に行わせる②試運転（無負荷で製品の最大回転で回す）は砥石交換時3分間以上、作業開始時1分間以上を行う③ディスクグラインダーで金属切断用砥石を使用する場合、切断砥石の両面を180度以上、カバーで覆う――といった内容です。もし、これらの法令を無視し、例えばカバーを外した状態で販売して事故が起こったとすると、販売した人が賠償責任を負う可能性もありますので注意してください。

　なお、この法令は国内に限ったことではありますが、海外ではより厳しい安全対策（国際規格）が求められています。例えば保護カバーについては「万一、保護カバーの位置がずれてしまう場合、90度以内になること」、「スイッチをON保持状態にするためには異なる2アクションを必要とし、OFFにする際には1アクションでできる」などが挙げられます。

5　ディスクグラインダーのトラブル

　ディスクグラインダーは機械の性質上、使用する現場で様々なトラブルが発生します。例えば作業中に砥石が何らかの理由で破損した場合、保護カバーが動いて砥石が飛散してしまうケースがありますので、お客様にはグラインダー作業の前方はなるべく広いスペースをとっていただくことをお勧めしましょう。また、切断砥石で切断作業中、材料に砥石が挟まれ、大きな反動が来る「キックバック」や、ほかの作業者が電源を勝手に抜き差しすることによって起こる突然停止、突然始動も大きな事故につながりかねません。突然、電源が入るとグラインダーが暴れてコードが切断されたり、場合によっては足にも当たる可能性があるので注意が必要です。このような危ない場面を見かけた場合、ユーザーに注意を喚起していくことも、営業マンとして非常に重要なことだと言えます。

　このようにディスクグラインダー作業における安全性の確保は、電動工具業界にとっても大きなテーマの一つとなっています。過去は厚生労働省指導のもと、直接的な事故事例から対応策がとられてきましたが、現在では蓄積される疲労による健康被害を防ごうという取り組みも業界を挙げて取り組んでいるところです。

　電動工具は、持ち手を通じて身体に振動が伝わります。これが長時間続くと、健康に障

害をきたす可能性があります。代表的な例として「白蝋病」（はくろうびょう）が挙げられます。白蝋病は発症すると指先の毛細血管が麻痺して血流が悪くなり、文字通り指が蝋（ろう）のようになることから命名されました。昭和40年代に林業の労働者で多発しましたことでも有名な病です。そのような健康被害から守るために電動工具についても、メーカー各社が「振動3軸合成値」という数値を算出し、それをカタログ等で明記することになりました。振動3軸合成値を定められた数式に当てはめると、1日当たりの振動ばく露量を割り出すことができるため、雇用者が従業員の健康管理をするうえで非常に有効となります。お客様から問い合わせがあった際は、カタログをめくってご教示いただけたらと思います。

6　ディスクグラインダーのトレンド

　前述したように、振動ばく露量を少なくするためには、効率よく作業を終えることが理想となります。ディスクグラインダーで使用する砥石は、言うまでもなく使用するほど径が小さくなっていきますが、径が小さくなると、グラインダーの回転するスピード、すなわち周速が落ちてきます。そうなると比例して作業効率が落ちるのは当然のことです。しかし、径の大きな砥石の方が効率は良いため、お客様はできるだけ大きな径の砥石を使用したいというのが本音だと思われます。

そこで、外径180mmの砥石を使って作業して、125mmまで径が小さくなった場合を考えてみましょう。当然、それまで行っていた作業の効率はかなり下がりますが、小さくなった砥石を別の用途で使用することは可能です。しかし、本体が大きすぎるため、125mmに適した狭い場所等での作業は不向きだと言えます。

そのため、最近では100mmクラスのコンパクトボディーであるにも関わらず、125mmの砥石が取り付けられるディスクグラインダーが登場し、脚光を浴び始めてきました。例えば外径125mmになった砥石を75mmまで使用した場合、作業量（使用した面積）は2681cm^{2}なのに対し、100mmの砥石で75mmまで使用すると、作業量は1275cm^{2}と実に半分以下となります（図4）。つまり、125mmの砥石で作業すれば交換頻度が下がり、

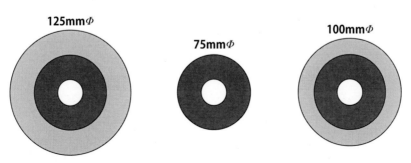

図4　グラインダーの作業性

> ●●● 提案のかんどころ ●●●

ランニングコストを大きく低減させることができるのです。本体の価格は100mm専用機に比べて若干高くなりますが、ランニングコストの大幅な低減を提案していただければ必ず売れるし、またお客様にも喜んでいただけるはずです。

7　提案で売れるディスクグラインダー

　ディスクグラインダーには、他の電動工具には使われない「最大出力」という数値があります。測定方法の規則がありませんので理解に苦しむところではありますが、一般に最大出力とは、連続ではない負荷で作業できる最大のパワーのことを指します。ちなみにディスクグラインダーの作業で最も負荷がかかるのは、ワークに接触する面積の多い研磨作業です。よって研磨作業をされるお客様には、できるだけ最大出力の大きなディスクグラインダーをお勧めしましょう（**図5**）。

　またディスクグラインダーには、「低回転・高トルク型」というタイプがあります。ディスクグラインダーに無理をかけても回転数が落ちにくいため、フラップディスク（多羽根）での金属表面仕上げ作業やカップワイヤーブラシでの表面クリーニング作業、コンクリートの切り込み作業など重作業に最適です。

　さらに「回転数変速式」は回転数を下げることで接触面の速度が下がり、対象物の温度上昇を抑えることができるため、ステンレス溶接面の仕上げ作業（焼けによる変色を発生させない）、3mm以下の薄い金属板の仕上げ作業（熱変形を防ぐ）、素材表面の鏡面仕上げ作業など、回転数を下げる必要のある作業が必要なお客様に有効です。

　このように、電動工具はカタログだけでなく、お客様の求めているニーズに対し的確に提案することで、さらなる拡販が見込める商材だと言えます。

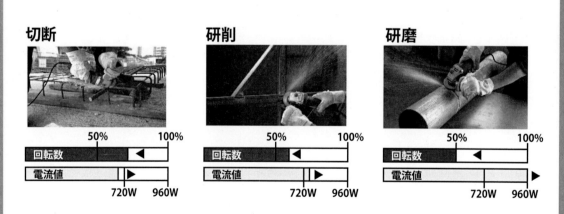

図5　ディスクグラインダーの負荷（入力720W、最大出力960Wの製品例）

機械・工具必携ハンドブック

コンプレッサー
基礎知識と提案のかんどころ

株式会社 日立産機システム
郷原　稔和

1　圧縮機の基礎知識
1.1　圧縮機の種類

　本論に入る前に基礎知識として圧縮機そのものについて説明します。

　圧縮機とは、外部から与えられた動力エネルギーによって気体（ガス）の圧力を高めるための装置で、圧力的には 0.1MPa 以上のものをいいます。気体に与えられるエネルギーの形態によって容積型とターボ型に分類され、容積型ではレシプロ式とスクリュー式（スクロール式も含めます）に分類されます。一方、ターボ型では軸流式とターボ式に分類されています。

・スクリュー型

　　ねじ式形状で、容積型圧縮機に属し雄・雌をかみ合わせてローターの隙間に空気を閉じ込めて圧縮するタイプです。容量は中容量圧縮機であり現在の主流機種です。

・レシプロ型

　　往復式は、容積形圧縮機の代表機種でピストンとシリンダー原理で空気を圧縮します。大小さまざまな用途があり、ガスは特殊な用途に使用するものに最適です。

・スクロール型

　　2つの『渦巻き』がかみ合うように旋回し、空気を圧縮する方法です。容量は小容量圧縮機が多く最大の特長は低振動、低騒音タイプです。旋回する圧縮方法はエアコンのCMなどでお馴染みですね。

・ターボ型

　　遠心式は羽車の遠心力を利用して圧縮します。容量は大容量圧縮機が多く、ある一定容量の決まって使用する場合などベース運転で使用するのに適してます。

●● 提案のかんどころ ●●●●●●●●●

表1　圧縮方式の種類

ターボ型	遠心式（ターボ型） 羽根車の遠心力を利用して空気に速度を与えて圧縮します。	
容積型	往復式（レシプロ型） 自動車のエンジンのように、ピストンとシリンダの原理で空気を圧縮します。	
	ねじ式（スクリュー型） 回転する雄・雌ローターの間に空気を吸い込ませ、歯の間で空気を圧縮します。	

1.2　圧縮機の分類

次にスクリュー圧縮機の分類についてです。

①**用途による分類**

　定置式：主としてモーターを原動機とするもの。工場の空気源として幅広く利用されています。

　可搬式：主としてエンジンを原動とするもの。主に建設工事に用いられています。

②**給油式（油冷式）と無給油式（オイルフリー）について**

　給油式（油冷式）：スクリューローターで形成される圧縮室に油を噴射して圧縮熱を冷却しています。

　無給油式（オイルフリー）：スクリューローターで形成される圧縮室に何も噴射しない。

　一方、圧縮室に油を噴射しないが水を用いて冷却する水潤滑タイプなどがあり、別名オイルレスとも言われています。

③**圧縮機段数による分類**

　単段機：圧縮機本体が1つで最終圧力まで昇圧するものを指します。

　2段機：圧縮機本体が2つ用い、2段階で最終圧力まで昇圧するものを指す。ローター2セット計4本必要であり構造は複雑になるが単段機に比べ同じ出力で吐き出し空気量が多いのが特徴です。

④**冷却方式による分類**

　空冷式：圧縮より発生した熱を空冷式の熱交換を用いて大気に放出するものを指します。
　　　　水冷式：圧縮より発生した熱を水冷式の熱交換を用いて冷却水に持ち去られるものを指します。

⑤**冷凍式ドライヤーによる分類**

　内蔵型：ドライヤーが内蔵されている構造であり圧縮機－ドライヤー用配管が不要となり省スペース化が図れます。

不付型：除湿が必要な場合は別途別置きドライヤーが必要。別置きドライヤー故障時も圧縮機は単独運転が可能です。

1.3　給油式と無給油式の違い

　オイルフリー圧縮機を選定する際、オイルフリー圧縮機と油冷式圧縮機を用いフィルターで油を除去するケースを比較した場合、同等のエアー品質が得られるものと思いがちですが圧縮プロセスでは大きな違いがありエアー品質に関する考え方が、**図1**のように異なり注意が必要です。ここで注意する点はエアーの油分濃度を比較する時、オイルフリー圧縮機は構造上問題ありませんが給油式は適切なフィルター選定が重要となります。

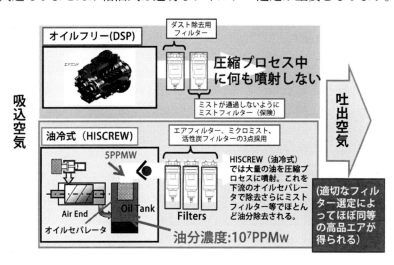

図1　油冷式とオイルフリーの比較

　次に圧縮機の吸い込む空気のエアー品質について簡単にご説明致します。

2　圧縮機のエアー品質について

　圧縮機の吸い込む空気について重要視される内容が3点あります。これら3点の内容はフレッシュ・コールド・ドライです。

　　設置環境を整える ── フレッシュ ……… きれいな空気
　　　　　　　　　　├─ コールド ………… 冷たい空気
　　　　　　　　　　└─ ドライ …………… 乾燥した空気

　圧縮機の省エネを行う第一歩として、設置環境を整えることを提案していますがキーワードとして、フレッシュ、コールド、ドライを合言葉にしています。

　省エネルギーとどう関係しているのかを考えてみましょう。

(1) フレッシュな空気（汚れとの関係）

　圧縮機は大量の空気を吸い込み、圧縮する仕事をしています。吸い込む空気が汚れていて良いはずがありません。設置環境に腐食性のガスや塩分などがある場合には重大なトラ

●●● 提案のかんどころ ●●●

ブルに発展する危険さえあります。これは省エネ以前の問題となります。

　吸い込む空気の汚れは、吸入フィルターのつまりを起こりやすくなりプレフィルター取り付けや防塵対策を行う必要があります。吸入フィルタは圧縮機の高効率化によって、フィルター自身が高性能のものが選定されるようになってきました。一方、吸入フィルターの高性能化により短期間でフィルターが詰り、圧縮機の吐出空気量が少なくなる（性能低下）ことも出てきています。特に吸入フィルターの詰まりは動力に関係し省エネに直結する内容で大切なポイントです。

(2) コールドな空気（温度との関係）

　ボイルの法則に"空気は1℃温度が上昇すれば、その体積は1/273ずつ増え…"という言葉があります。空気温度の上昇は、一見効率が良くなるように感じられるかも知れませんが、温度の上昇は体積が増えて"密度が薄くなる"ということなのです。

　冬場に間に合った圧力が夏場には圧力低下を起こすのは空気中の密度が薄くなり、空気が減ったからです。つまり、冬場に比べて夏場はスカスカの空気を吸い込んでいることになります。ボイルの法則にもあるように、3℃の温度上昇で1%の空気量が減少します。20℃も違えばなんと7%もの性能低下が起こるのです。

　したがって、できるだけ低い温度の空気を吸い込ませてやることを心がけてください。

(3) ドライな空気（湿度との関係）

　地球上の空気中には必ず湿分が存在し、その温度における飽和水蒸気の量によって湿度何%と表されます。人間にとってはある程度の湿度は必要不可欠のものですが、空圧機器にとってはこの湿度ほど厄介なものはありません。できるだけ湿度が低いに越したことはありません。一例として、湿度が高い梅雨時期や雨の日に圧縮機の吐出し空気量が減る現象が起こります。これは空気中の水蒸気量が増えるために圧縮機に吸い込む空気量が減るもので、自然現象のひとつでやむを得ないことです。

　実際にドライな空気をつくることは難しいのですが、この湿分が圧縮機内外でドレン化することによって様々なトラブルの原因となります。ドレンにまつわるトラブルはかなり多く、致命的な問題に発展する要素をもっているため、これを回避するため温度コントロールされている圧縮機が増えてます。

以上が圧縮機が吸い込む空気の品質について示しましたが次に圧縮機の容量制御についてご説明します。

3　スクリュー圧縮機の容量制御について

(1) スクリュー圧縮機の容量制御の働き

　スクリュー圧縮機の動力に関係する容量制御方式には何タイプかあります。ここでは人の動きと圧縮機の動きを照合して見てみたいと思います。表2のように圧縮機の停止、ロード、アンロードの動きを人の動きに例えると停止（止まる）、ロード（歩く）、アンロード（足踏み）となります。これに空気を作る、作らないの状態とした場合、人の動きをモーター

の動力に例えれば足踏み状態であるアンロードが1番効率が悪い状態です。このアンロード動力を低減させる事がこれから述べる容量制御の違いとなるわけです。

表2　コンプレッサーと人の動き

コンプレッサーの動き	停止	アンロード	ロード
コンプレッサー	OFF	ON	ON
空気	作らない	作らない	作る
歩行例	止まる	足踏み	歩く
人の動き			

次にそれぞれの容量制御の違いを見てみましょう。

それぞれについて簡単に説明します。まず、吸入絞り型（U式）です。吐出側の負荷変動に応じて0～100％までを無段階に制御します。この方法では圧力の変動幅も小さく、最適なポイントで圧力バランスしますので、一定の圧力を必要としているところには大変有効です。欠点として容量制御特性があまり良くないことがあげられます。吸込み圧力は空気消費量の減少とともに、吸込み絞り弁が徐々に閉まり真空に近くなりますが、吐出側はアンローダ圧力になっているため、背圧となってスクリューロータを逆転させようとします。この時、逆転させようとする力が余剰動力となってしまうのが特徴です。今回説明させて頂く容量制御方式は主に油冷式ですが、それぞれの違いを見て行きたいと思います。

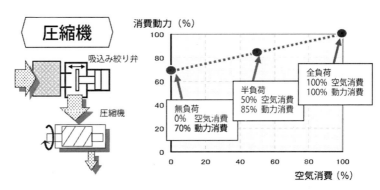

図2　吸込み絞り（U式）

(2) 圧縮機の容量制御別の高効率化

まず、吸入絞りと吐出圧力開放（I式）を説明します。吸入絞り型の欠点はアンロード時に発生する背圧（バックプレッシャー）の影響によるものでした。このI式では、アンロー

●●●提案のかんどころ●●●

ダ時に吐出圧力を開放（パージまたは放気）して背圧を少なくし、容量制御特性を良くします。お客様の設備が古く、吸入絞り方式の制御を行っている圧縮機でしたら、吐出圧力開放方式への改善をお勧めします。

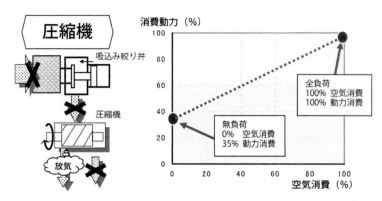

図3　吸込み絞りと吐出圧力開放（I式）

　さらに、最近の機種では制御をより効率良くお使いいただく方法として容量制御機能をアップさせ無負荷時、停止機能を働かせるなど高効率の運転が得られることも特徴として上げられます。これらの改善により、幅広い負荷変動に対して自動的に最適な容量制御方式が選定されるようになり、省エネルギー効果を得ることができます。まず、設備されている機種を調べて、その機械がどのような制御で運転されているか現状把握を行ってください。そのうえでの改善をお勧めします。

　次に一定速機の場合、空気が余れば圧縮機は圧力上昇を起こします。

　通常はアンローダが動作し吐出空気量を制御しますが、動力特性が良くないため無駄を生じることがあります。この改善として現在では省エネコンプレッサーの代名詞となっているインバータコンプレッサーが主流となっています。インバーターの定圧制御は、必要空気量を圧力に置き換えて制御を行いますので従来にないほど効率良く省エネルギーが可能となるのです。インバータの制御方法は**図4**に示す通りです。吐出圧力の変化を圧力センサーが読み取り、インバータが周波数制御し、モータの回転を変化させます。これによって圧縮機は吐出空気量の増減変動がありながらも、その増減に見合う空気量を吐出し圧力も一定の為、一定速機に比べ吐出圧力が下げられる事もメリットとして大きく、効率良く圧縮ができ驚くほどの省エネルギー運転が可能となります。

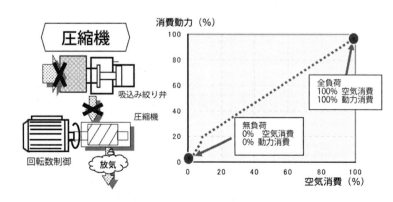

図4　吸込み絞りと回転数制御（V式）

　次に圧縮機の能力と関係する項目について2点程着目した内容を述べます。

4 圧縮機に関係した着目点

(1) 吸込みフィルターと温度について

次に保全からの観点で重要なのは吸込みフィルターの管理です。フィルターの汚れは吐出空気量に大きく影響します。理由は吸い込む空気が少なければ吐出空気も減ってしまうからです。図5は正常なフィルターと目詰まりしたフィルターの比較表です。明らかに目詰まりフィルターの使用の方が吐出空気量が減っていのがおわかり頂けたかと思います。このように目詰まりの性能低下は吐出性能低下にも繋がります。

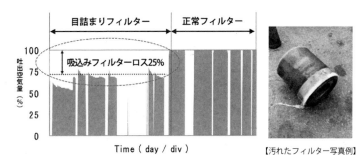

図5　吐出量計測

(2) 吸込み温度の重要性

吐出空気量と吸込み状態の空気量は同じです。ただし、密度は異なります。温度を上げておけば見せかけの空気量は増えます。2(2)項でも説明しましたが、吸込み状態換算の空気量は、温度と湿度にそれほど影響を受けませんが空気の重量密度では数値が変わります。このため、重要な設備では0℃換算での空気量（N換算）で要求するケースも多い状況です。

したがって、日常運転の中で例えると夏場圧縮機が2台稼働しているが、冬場になると1台が停止したり

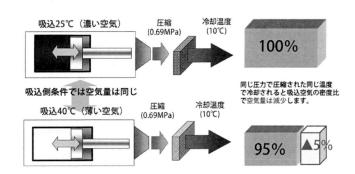

図6　吸込温度比較図

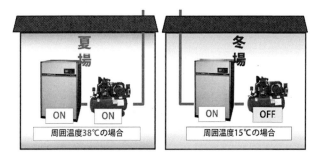

図7　夏場と冬場の比較

稼働したりなどの運転となるケースもまれに発生するほど、吸込み温度の条件はコンプレッサーにおいて大変重要であると考えます。

（3）レシーバータンクの必要性

　レシーバーがない、あるいは容量が小さいとエアーが余ってきた場合には急激な圧力上昇を起こしてしまいます。安全弁が動作してしまうこともあります。圧力が下がるときは、エアー貯めがないので急激な圧力低下を起こし末端の機器を停止させる場合があります。交互運転や台数制御では必要ないのにもう一台が作動することもあります。これは無駄な運転です。

　またアンロード効率を良くするには、ある程度の圧力幅（⊿P）をもつことが必要です。スクリュー圧縮機の場合、0.1MPa程度の⊿Pをとってあります。しかし、配管容量が大きく（あるいはレシーバタンクの増設などで大きくすることが可能）制御上問題がなければ制御の幅を小さくすることが可能です。まず、配管容量を調べて十分な容量があるようでしたら圧縮機メーカーと相談を行い、⊿Pの幅を少しずつ小さくしてみてください。配管容量が小さい場合はレシーバタンクの増設が必要です。また**図8**のようにタンクを入れる事によって下限値の守らなければならない圧力値（ターゲット圧力）が明確になります。したがって、レシーバタンクの役割は圧縮機の負荷の軽減だけでなく守らなければならない圧力下限値が明確になった事で圧力の設定値を下げやすくなります。

　今まで圧縮機を中心に着目点や改善点を述べて参りましたが、空気を作る側と使う側を結ぶと、圧縮機以外にも沢山の改善項目があります。その内容を以下に抽出しました。

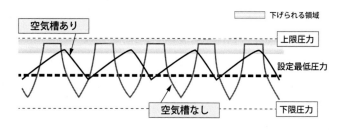

図8　レシーバタンク有無のグラフ

5　各改善項目の主な内容

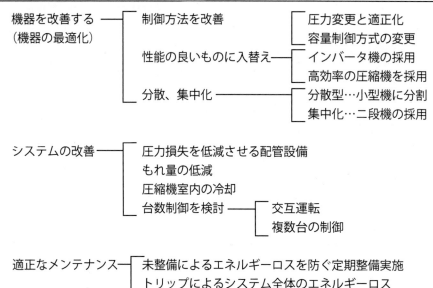

図9に一般的な空圧設備例と省エネルギーのチェック項目を示します。

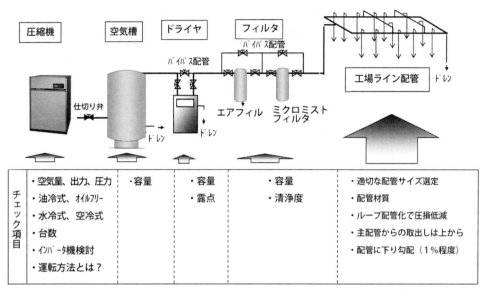

図9　空圧設備エアーライン箇所のチェック項目

　このように、圧縮機を使う環境下では消費側（空圧機器側）と動力伝達側（圧縮機側）のシステムが存在します。通常、圧縮機だけの改善項目に目が行きがちですが本来、消費側（空圧機器側）と動力伝達側（圧縮機側）双方を見る事が大事です。
　現実に空気使用量を減らしたのに思ったほど電力が下がらない、あるいは吐出圧力を下げたのに電力が下がらないといったことを良く耳にします。これこそがマッチングしていないために起こるものです。
　これが空圧システムの不思議なところであり、面白いところでもあります。
　今回は、この中でも機器側で改善が可能な点を2点に絞って述べました。

> ①圧縮機の使用する条件（環境・消耗品）
> ②容量制御特性の良い機器への改善

　しかし、ここに私は1つ付け加え3点目の空圧システムのエネルギー低減の為、圧縮機の吐出圧力を下げる（消費電力を下げる）項目も改善内容に付け加えたいと思います。

6　圧縮機の吐出圧力を下げる理由

　圧縮機の吐出圧力を下げる方法は、最も手軽にしかも安価に行うことが出来るため広く行われる方法です。通常スクリュー圧縮機においては大凡（22～75kW出力レンジクラス）

提案のかんどころ

は0.7MPa仕様で設定されたまま出荷されます。この中で使われるユーザー様が初期設定される0.7MPaの圧力を少し下げても運用圧力に影響がないにも関わらず、圧力を下げれば消費動力が下がる事を知らないため、設定を変更しないケースも見られます。

吐出圧力と動力の関係を**図10**に示しました。

本図は一段圧縮機の場合、$1m^3$の圧縮空気を作るために必要な理論断熱動力（kW/m^3）を示したものです。

たとえばお客様のライン圧力を0.69MPa（$7.0kg/cm^2g$）から0.59MPa（$6.0kg/cm^2g$）に0.1MPa下げた場合、1段圧縮ではこれだけで設備全体のエネルギーコストを8.4％も低減することができます。しかし、安易な圧力を低下させる行為は、生産ラインに影響を与えたり、結果的に増エネルギーとなってしまうなど改善につながらないケースもあります。

したがって、ライン全体の圧力を効率良く下げるには使用機器側の性能を検討しておくことが必要です。

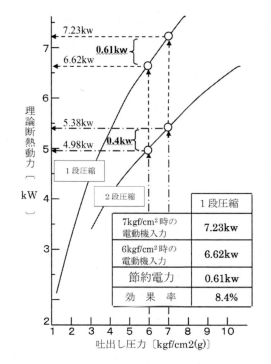

図10　理論断熱動力曲線

以上が簡単にまとめた内容です。

各圧縮機メーカーや圧空機器メーカーで開催しているセミナーでも、このうよう内容の勉強会を実施していますので、是非参加してみてください。

コンプレッサーで消費される電力量を低減できるポテンシャルは、どの製造工場にもありますので、積極的に改善活動に取組んで頂ければ幸いです。

機械・工具必携ハンドブック

レーザ加工機
基礎知識と提案のかんどころ」

三菱電機 株式会社
金岡 優

1　基礎知識編

　レーザ加工機の商談において、レーザ加工の基本を理解した説明は説得力を増します。特に、レーザ加工による具体的なデータを交えた説明は、利き手の信頼を得る効果がありますので、是非とも習得をしてください。

1.1　レーザ加工技術の種類

　主要なレーザ加工用途は切断、溶接と熱処理になりますが、これらの加工に影響を及ぼす要因（**図1**）は基本的に同じです[1]。加工用途によってレーザ条件で異なるのは、材料表面でのスポット径（エネルギー密度）とアシストガス条件の２つです。

　切断は最も小さなスポット径を必要とし、溶接、熱処理の順に大きなスポット径になり、この順序でエネルギー密度は低下します。アシストガス条件は各用途に適正な圧力とガス種類を選択する必要があります。

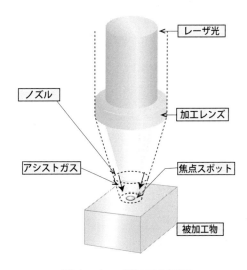

図1　レーザ加工の要因

1.2　タレットパンチプレスとの比較

　タレットパンチプレスとの置換えを提案する場合には、以下に示す項目を具体的なデータも交えて説明できるようにしてください。

　①切断用の金型が不要・・・・・・・・・・・【建機の製造ラインでは金型削減40％の事例あり】

> ●●● 提案のかんどころ ●●●●●●●●●●●●●●●●●●●●●●●●●●●

②任意形状を高速で切断可能・・・・【板厚1mmのステンレスを30m/min（ファイバ）で切断】
③切断軌跡の高精度なプログラムが可能・・・・・・・・・・・・・・・【1μm(1/1000mm)単位】
④成形部品や箱物、パイプへの追加工が可能・・・・・・・・【三次元レーザ加工機による切断】
⑤厚板の切断が可能・・・・・・・・・・・・・・・【軟鋼は25mm、ステンレスは12mmまで切断】
⑥切断面の仕上げが不要・・・・・・・・・・・・・【板厚1mmのSPCCの切断面粗さはRa10μm】

1.3　ガス切断、プラズマ切断との比較
切断溝幅や微細な加工性能の差を説明できるようにしてください。
　①板厚 16mm の軟鋼で切断溝に大きな差
　　　【上部幅：ガス切断 2.3mm、プラズマ切断 5.3mm、レーザ切断 0.6mm】
　②板厚 12mm の軟鋼で小穴加工に大きな差
　　　【加工可能な最小直径：ガス切断16mm、プラズマ切断12mm、レーザ切断3mm】

1.4　アーク溶接との比較
溶接ビードの形成される原理と性能差を説明できるようにしてください。
　①アーク溶接は熱伝導型ビードのため、広い溶接幅で低速溶接
　　　【速度 1m/min 以下】
　②レーザ溶接はキーホール型ビードのため、狭い溶接幅で高速溶接
　　　【速度 3m/min 以上】

1.5　炭酸ガスレーザとファイバレーザ
従来からの炭酸ガスレーザに比べて、メリットの多いファイバーレーザの特徴を簡単に説明できるようにしてください。
　①ファイバーレーザは電気を光に変換する発振効率が高い
　　　【炭酸ガスレーザ7％、ファイバーレーザ35％】
　②完全ファイバー伝送の構成はメンテナンス不要
　　　【炭酸ガスレーザのミラー伝送はズレが発生】
　③ファイバーレーザの炭酸ガスレーザに対する断速度の差が大きい
　　　【ファイバーレーザでは、材質SUS304の板厚1mmは約3.5倍、板厚2mmは約2.2倍】

2　提案のかんどころ

　商品を推奨する場合には、技術面で相手の信頼を得る必要があります。レーザ加工機はすでに一般的に使用されており、従来加工法との比較の視点では十分な認識がされています。しかし、聞き手が抱くレーザ加工の認識以上の提案ができれば、信頼をより高めることに繋がります。レーザ加工に関する新提案の事例を以下に示しますが、さらなる事例が必要な場合は、別教材にて確認ください。

2.1 コスト削減の提案
2.1.1 テーラードブランク

【従来加工法の課題】

　図2(1)に示すブランク形状の設計において、製品の各4面への要求仕様が異なる場合でも、一つの材料からの加工を想定するのが一般的です。その結果、ブランク形状の各4面の中には板厚や材質の仕様が不十分になる場合や、反対に過剰になる場合が生じました。また、ブランク形状の中央部の材料は廃材となるため、製品コストの増加に繋がっていました。

【レーザによる改善】

　(2)に示すように、ブランク形状の各4面に異なる部品（A、B、C）を事前に切断し、これらの部品を溶接して一つの製品にすることが可能です。さらに、各部品の溶接にレーザ溶接を適用した場合は、溶接部の熱影響が少なく高い溶接強度が得られます。(3)に示すように、A、B、Cの部品形状を素材からレーザによって切り出す場合には、その部品を効率よく配置でき歩留りの向上を図ることができます。

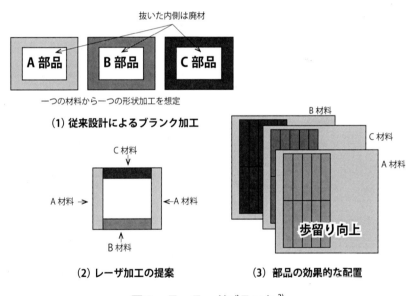

図2　テーラードブランク[2)]

2.1.2 切削部品への置換え

【従来加工法の課題】

　加工対象のすべての寸法に精度が要求される場合には、切削加工が最適な加工方法であることは間違いありません。しかし最終製品に部分的な精度だけが必要な場合は、材料コストや加工コストの安価なレーザによる板金加工の適用を検討する必要があります。**図3**(1)に示す高い位置決め精度の要求されるフランジの加工を例にとり、切削加工の設計から板金のレーザ加工による設計への置き換えを検討しました。

提案のかんどころ

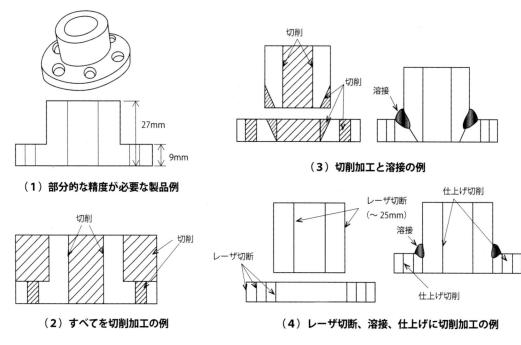

図3　切削部品への置換え[2]

　穴の位置や真円度に高い精度が要求される場合は、一般的に（2）に示すような、切削加工を検討します。しかし、加工時間が長い、加工コストが増加する、材料コストがかかる、品質管理の負荷が増加するなどの課題が生じます。これらの課題に対して、（3）に示すように、部品を複数に分割し、分割した部品ごとに切削加工を行い、最終的に溶接にて仕上げることが検討されます。この検討は、加工部品の切削範囲を狭め、加工時間と材料コストの削減が期待できます。しかし、穴位置決め精度を確保するために、最終段階の加工である溶接には高い精度が要求されます。

【レーザによる改善】

　（4）には、全面的にレーザ加工を適用する場合を示します。構成部分をレーザ加工が可能な標準規格の板金やパイプから部品を切り出し、それらを溶接で結合します。この段階での溶接には、高い精度を必要としていないアーク溶接を用いることもできます。溶接加工による結合が終了した後に、精度の必要な穴位置や穴径に対して切削加工で仕上げることによって、最終的に高い精度を確保します。

2.2　品質改善の提案
2.2.1　パイプフレーム構造

【従来加工法の課題】

　剛性を維持しながら軽量化を目的とした構造体の設計では、**表1**（次ページ）に示すように高強度と高剛性の特徴によって、パイプ構造の検討が行われています。しかし、実際の

表1 構造体設計で検討されるパイプ構造[2)]

構造		用途	特長
平面	▢▢	カバー 窓 天井 壁	高い強度 高い剛性 軽量化
立体	(立方体フレーム)	架台 筐体 土台 ケース	高い意匠性 高い安全性 高い気密性

製造においては、パイプ継手の形状切断や溶接の加工が難しく、加工工程の多くを熟練者による手作業に頼るため、多大な作業工数や作業時間を要していました。

【レーザによる改善】

レーザの切断能力をはめ合い構造にできるパイプの継手部に適用することで、最大の課題であった溶接工程が簡素化され、**図4**（1）と（2）に示すようにパイプフレーム構造の積極的な採用に繋がっています。

板金フレーム構造と比較したパイプフレーム構造の特徴を以下に示します。

①パイプフレーム構造はパイプに囲まれた空間に自由度があり、内外スペースの有効活用が可能。

②組立後に追加工等が発生する場合にも、四方からのアプローチが可能であり、穴あけやフレーム増設が容易。このような追加工を現地にて行うことも比較的容易。

③板金フレーム構造は「面」の組み立てになることに対し、パイプフレーム構造は「線」の組み立てになり付加価値の高い構造設計が可能。

④継手部をはめ込み構造にすることで、溶接加工を削減できるため、組み立て時の溶接による形状歪みを低減することが可能。

(1) 建築でのフレーム構造例

(2) 架台でのフレーム構造例

図4 パイプ構造の例[2)]

⑤継手部をはめ込み構造にすることで、溶接作業を簡素化できるため、溶接の非熟練者でもパイプフレーム構造の組み立てが可能。

⑥パイプへの切り欠き加工した位置と曲げ加工面を兼用させることで、連続したフレーム構成にできるため、部品点数の削減や精度の向上が可能。

2.3 生産性向上の提案
2.3.1 ほぞ加工

【従来加工法の課題】

　板金加工における一般的な作業工程では、部品を切断した後に曲げ加工、組み立て、固定を行い最終製品に仕上げます。この固定には溶接や接着などの方法を用いますが、固定作業中や固定後での外力による固定はずれや変形を防止するために、その接合・接着面積を大きくとる必要がありました。また、**図5**（1）に示すように、溶接や接着中に発生するひずみを防止するために、事前の作業として治具による強固な固定が必要になります。この固定が不十分な場合には精度の悪い組み立てになりました。

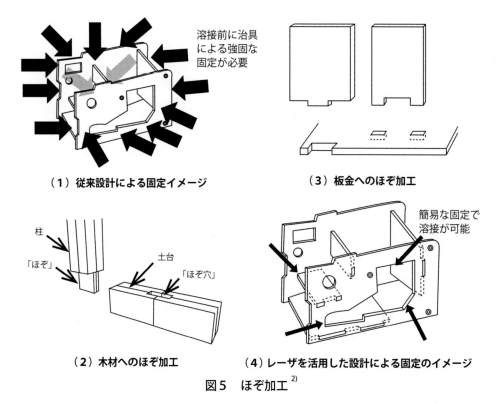

（1）従来設計による固定イメージ
（2）木材へのほぞ加工
（3）板金へのほぞ加工
（4）レーザを活用した設計による固定のイメージ

図5　ほぞ加工[2]

【レーザによる改善】

　建物の柱と梁や土台を組合せる継手として、（2）のような部材の端部に凹凸形状を加工する「ほぞ」加工があります。建築業界では、少ない人数で効率よく作業を行う必要性から、伝統的にほぞ加工を用いています。

レーザ加工は複雑形状を高精度に切断できるため、板金加工の分野でも固定部分に（3）に示すようなほぞ加工を応用することが可能です。レーザ切断幅は高精度に制御できるため、部品間のクリアランスも自在に調整することができます。また、ほぞ穴の位置は、意匠性や剛性を考慮して板金部品の内部や外周部の任意の位置に設定することができます。

　このように、ほぞ加工の行われた板金部材の組み立てにおいて、板金部品がお互いに固定し合う力を利用できるため、溶接中の固定治具が強固な固定から簡易な固定に変更できます（4）。場合によっては溶接・接着の前作業での固定治具が不要になることもあります。また、ほぞ加工は溶接や接着自体の強度を補完することになり、高剛性の構造を得ることができます。固定部で十分な強度を確保できる構造では、溶接や接着長さを少なくできることから、これらの作業削減にもなります。

2.4　性能向上の提案
2.4.1　ダウンサイジング
【従来加工法の課題】
　図6（1）①に示す筐体の抵抗スポット溶接では、上下の電極で挟み込む部分の「溶接代」が必要でした。この「溶接代」の存在は、加工対象の筐体寸法を大きくすることや、筐体を重くするなどの製品課題となっていました。

また、（2）に示すような、内部に熱を嫌う部品や装置を封入するケーシングを固定する場合には、ボルトとナットによる機械式締結が一般的でした。この場合にもケーシングの寸法が大きくなり、機械的締結のための部品管理や作業工程が増加するなどの課題がありました。

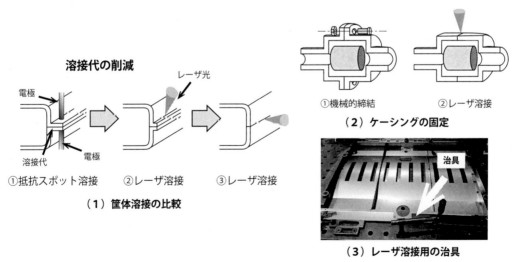

図6　ダウンサイジング[2]

【レーザによる改善】
　レーザ溶接はビームによる非接触加工であるため、重ね継手では②のように溶接代を小

さくすることができます。さらに一方向からの溶接が可能なレーザ溶接の特徴は材料を挟み込む必要がなく、③のように突合せ継手の構造にもできることから、より一層の軽量化が可能となります。またレーザ光を微小スポットで高エネルギー密度に集光したレーザ溶接は熱影響を少なくできる特徴を持ち、(3)に示すように溶接中の熱変形を抑えるための固定用の治具数も少なくできます。熱を嫌う部品が内部に収納されているケーシングを固定する例では、(2)に示すレーザ溶接にすることで、内部の製品への熱影響を抑えて生産性の高い溶接が可能となります。

2.5　納期短縮
2.5.1　積層部品
【従来加工法の課題】

図7(1)に示すような、溝掘り加工（ポケット構造）が必要な部品や、部品厚さが大きな形状では、一般的な加工法として切削加工を想定しました。しかし、切削加工では加工時間が長いこと、加工コストや材料コストが増加すること、設計変更が生じた場合には柔軟に対応できないことなどの課題がありました。このような加工に対して、レーザ加工では溝掘り加工が不可能であることや、レーザ切断では板厚を高精度に切断できないなどの認識から、レーザ加工方法での検討は行われませんでした。

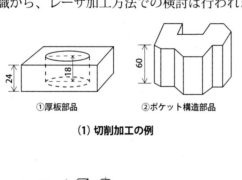
(1) 切削加工の例

(3) レーザ溶接された積層部品の例

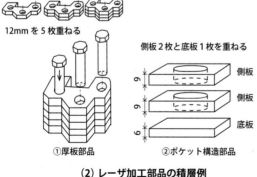
(2) レーザ加工部品の積層例

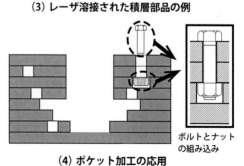
(4) ポケット加工の応用

図7　積層部品[2]

【レーザによる改善】

(2)に示すように、板厚の大きな部品①はレーザ切断による良好な精度が確保できる部

品を積層して製造することができます。またポケット構造の部品②も、必要な溝深さに対応した複数の板金に穴加工を行い側板とし、底板を合わせて積層して製造することができます。この場合、レーザ切断した切断面にはテーパが生じており、積層する板厚が大きくなるほどそのテーパは大きくなります。加工部品に必要な端面精度に応じて、レーザ切断する積層部品の最適な板厚を選定する必要があります。高い端面精度が要求される対象には、より薄板のレーザ切断部品を積層する必要があります。（3）には、板厚 4mm のステンレス鋼を積層した機構部品の例を示します。この部品には高いシール性が要求されるため、部品を重ねた外周の全体をレーザ溶接で固定しています。また（4）に示すように、積層する部品ごとに寸法を変化させることが可能です。上部より内部を広げた構造や、内部に穴を設けるなどの一般の切削では難しい形状の加工も、積層部品では可能になります。応用例として、従来タップの加工が必要であった部品に対して、積層部品の内部の穴にナットを挿入することで、タップ加工をせずに製品を製造することができます。

参考文献

1） 金岡　優「絵ときレーザ加工の実務　第2版－CO_2 & ファイバーレーザ作業の勘どころ」日刊工業新聞社(2013)
2） 金岡　優「レーザ加工で進める工法転換－製品設計に必ず役立つ実践ノウハウ」日刊工業新聞社(2016)

参考資料〔提案のかんどころ－資料編－〕より

レーザ加工システムの構成	49 ページ
主要材料の化学成分表（鉄鋼）	50 ページ
主要材料の化学成分表（非鉄）	51 ページ
めっき鋼板	52 ページ
鋼板重量表	53 ページ
工業材料元素の性質	54 ページ
金属材料の物理的性質	55 ページ

機械・工具必携ハンドブック

鉄骨用加工機

基礎知識と提案のかんどころ

大東精機 株式会社
西田 寛

1 提案営業とは？

　「提案営業」という言葉が定着して久しくなります。様々な企業で必要性を訴えられていますが、そもそも何をすることなのか、考えてみたことはありますか。
　私たちは、提案営業を「商品を売るのではなく、お客様の抱えておられる課題を見つけ、解決策を提案すること」だと捉えています。時代に関係なく、どの商材でも、どの業界でも同じことが言えます。しかし、実行できるようになるためには、知識と経験が必要です。では、どのような知識と経験を身につければ、提案営業ができるようになるのでしょう。皆様の対象となる鉄骨加工業界に落とし込み、スペシャリストまでの道のりを３段階のステップに整理しました。

> ステップ１は、お客様との共通認識を持ち、話しかけられた内容を理解するために、鉄骨とは何なのか、どんな加工手段を、どんな機械が実現するのかを知ることです。
> ステップ２は、少し視野を広げ、すでに取り扱っている機械だけでなく、市場にあるすべての機械の特徴や、最新の加工方法について、さらにお客様の仕事内容の変化も把握することです。
> ステップ３は、最終目的である、お客様の抱えておられる潜在的な課題を見つけ、これまで蓄えた知識や経験をもとに、最適な解決策を提案することです。

　ステップが上がるにつれて、より提案がしやすく、また受け入れてもらえるようになり、営業力とお客様からの信頼度が高まります。ただし、基本のステップ１を抜きにして、ステップ２や３に飛ぶことはできません。そのため、今回はステップ１を掘り下げてご案内します。

2　鉄骨とは？鉄骨製作会社とは？

　最初に、ステップ1のテーマのひとつである「鉄骨」についてご説明します。

　私たちは、建築物を含む大型構造物に使われる鉄（鋼材）の骨組みを、「鉄骨」と呼んでいます。建築物に鉄骨を用いると、設計の自由度が高いうえに、加工性や、強度が高く、大空間のデザインや、地震に対する安全性を備えられるというメリットがあります。利用範囲は、高層ビルや、東京スカイツリーのような電波塔、競技場、倉庫、工場、ホテル、学校、病院など幅広く、木造を除く建物では、年々増加し、鉄筋コンクリートを凌いで、過半数を占めるようになってきました。

　この鉄骨を製作しているのが鉄骨製作会社（通称ファブリケーター）で、全国に二千数百社が存在します。製作能力や品質管理体制により、国土交通大臣の認定を取得し、使用する鋼材の種類や、建築規模により S,H,M,R,J の5段階に分けられています。鉄骨製作会社では、建物の仕様・強度・デザインコンセプトを正確に実現するため、図1のように、製作要領図・工作図といった図面の作成から、一次加工、組立・溶接、検査の順で、鉄骨を製作しています。この中の一次加工が、ターゲットとなる工程です。

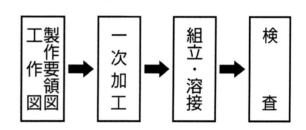

図1　鉄骨製作の手順

3　一次加工とは？

一次加工は、「組立・溶接するパーツの製作をすること」で、そのために使われる機械を鉄骨用加工機または一次加工機と呼んでいます。

　建築物に欠かせない「柱」、「梁」、「筋交い」といった部材は、様々な断面形状のパーツ（鋼材）が組立・溶接されて作られます。板・H形鋼・角形鋼管・円形鋼管・山形鋼・みぞ形鋼の6種類が代表的です。

　各パーツには、図2のように、切断・孔あけ・開先加工・表面処理などの加工が施されます。切断は、材料から必要寸法を切り出すため、

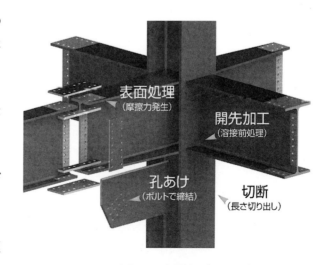

図2　1次加工に必要なパーツと加工

孔はボルトを通すため、開先加工は溶接するための前処理、表面処理は、材料の表皮を削ってザラザラにして摩擦力を発生させ、ボルトの締結をさらに頑丈にします。次項では、鋼材の種類別に、必要な加工と加工するための手段、使われる機械を取り上げます。

3.1　板の加工

　板は、厚さによって、呼び方が異なり、3mm以下を薄板、3.2～6mmを中板、8～150mmを厚板、150mm以上を極厚と呼びます。鉄骨の材料となるのは、中板と厚板です。中板と厚板で製作するパーツには、切断・孔あけ・開先加工・表面処理の4種類の加工が必要になります。それぞれの加工手段と機械の特徴をまとめると以下のようになります。

板の切断

　切断には、ガス、プラズマ、レーザーの3種類があります。
①ガス
　ガスの炎で燃焼した鉄を高圧の酸素で吹き飛ばして切断する方法です。
　板の切断において最も多く使用され、厚板に適しています。
②プラズマ
　プラズマの電気エネルギーを利用して切断します。
　加工速度が速く、一般的には25～32mmくらいまでの厚板に対応します。
③レーザー
　レーザーの光エネルギーを集光させ、熱に換えて切断する方法です。
　寸法精度が高く、25mmまでは切断面が垂直です。

板の孔あけ

　孔あけには、パンチ、ドリル、レーザーの3種類があります。
①パンチ
　金型を押しつけて抜く方法です。中板までは、最も速い方法です。
②ドリル
　厚さに強く、材料を重ねた状態でも孔あけができます。
③レーザー
　加工できる形状に制約がないため、切断と同時に孔あけすることができます。

板の開先加工

　開先加工には、ガス、プラズマ、カッターの3種類があります。
①ガス
　切断と同じで、最も多く使用され、厚板に適しています。
②プラズマ

加工速度が速く、25mmくらいまでの厚板に対応します。
③カッター
　他の2つの溶断と違い、切削なので加工面の精度が均一になります。

板の表面処理
　表面処理には、サンダーとショットブラストの2種類があります。
①サンダー
　手作業で手軽に加工できるため、少量生産に便利です。
②ショットブラスト
　小さな粒を材料表面に衝突させ、表皮を削ります。
　機械で加工するため、大量生産に適しています。

3.2　H形鋼の加工
　H形鋼で製作するパーツに必要な加工は、**図3**のように4種類です。加工手段のうち、切断は、バンドソー、丸鋸、プラズマの3種類です。孔あけはドリルのみ。開先加工もカッターのみです。表面処理は、ショットブラストとスケーラの2種類があります。

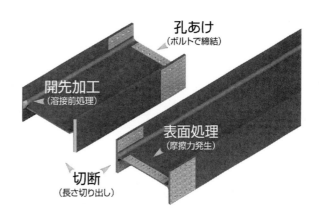

図3　H形鋼の加工

H形鋼の切断
①バンドソー
　ループ状になった鋸刃を回転させ、幅1000mm相当の材料まで切断します。切る長さを機械が自動で測るものと、人が測るものがあります。また、任意の角度に切断できるものと、できないものがあります。
②丸鋸
　円盤状の鋸刃を回転させて切断します。幅400mmまでの材料を高速で切断し、切断面もきれいに仕上がります。切る長さは機械が自動で測ります。
③プラズマ
　切断の原理は、板の切断と同じですが、加工対象物がH形鋼になると、立体的に切断する必要があり、ロボットアームにプラズマトーチが付いています。切る長さを機械が自動で測り、幅1000mm相当の材料まで曲線の切断も可能です。

● ● ● 提案のかんどころ ● ● ●

H形鋼の孔あけ

　孔あけはドリルマシンで行います。上・左・右にドリルがついており、3方向から同時に加工が可能です。ドリルマシンを選択するポイントは、以下の3点です。
①自動送材機能の有無
　孔をあける位置まで機械が自動で材料を送るタイプと、人が送るタイプの2種類があります。
②生産性と使用するドリル
　求める孔あけ速度によって、それに適したドリルと機種を選ぶ必要があります。通常はハイスドリルを使用しますが、孔あけ速度を速くしたければオイルホールドリルを使用し、さらに速さを求める場合は、超硬ドリルが必要です。
③ドリルの自動交換装置（ATC）の有無
　通常、異なる径の孔をあける際は、手動でドリルを交換しなければなりませんが、ATCを備えていれば、機械が自動で交換します。機種によって、ATCが3方向についているもの、上ドリルのみのもの、全くついていないものの3種類があります。

H形鋼の開先加工

　3種類のカッターを1セットにした開先加工機で行います。材料の両端に加工を施すのか、片端だけで良いのかによって、機種を選択します。

H形鋼の表面処理

　表面処理の手段には、ショットブラストとスケーラの2種類があります。
①ショットブラスト
　板の加工と同様に、小さな粒を材料表面に衝突させ、表皮を削ります。材料全体の加工が可能で、摩擦力を満たすだけでなく、塗装の前処理として用いられることもあります。
②スケーラ
　砥石をつけた研削ヘッドで、表皮やバリの除去を含めた接合部の加工を行います。規定の摩擦係数を満たすため、サビを発生させる必要があります。

3.3　角形鋼管の加工

　角形鋼管で製作するパーツに必要な加工は、**図4**（次ページ）のように2種類です。加工手段は、切断が丸鋸とバンドソーの2種類、開先加工はカッターのみになります。

角形鋼管の切断

①丸鋸
　幅400mmまでの材料を高速で切断し、切断面もきれいに仕上がります。
②バンドソー

幅1000mm相当の材料まで切断します。H形鋼の切断と同様に、切る長さを機械が自動で測るものと、人が測るものがあります。また、任意の角度に切断できるものと、できないものがあります。

角形鋼管の開先加工

H形鋼と同じく、開先加工機で行いますが、カッターは1種類のみです。加工する位置が材料の両端なのか、片端なのかによって機種を選択します。

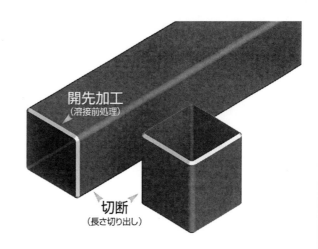

図4　角形鋼管の加工

3.4　円形鋼管の加工

円形鋼管は、柱だけでなく、ドームや鉄塔に使われます。円形鋼管の加工は、切断と開先加工の2種類です。角形鋼管と異なり、鋼管同士のつなぎ目は、曲線の3次元切断が必要になるため、「パイプコースター」と呼ばれる専用機で、切断と開先加工を同時に行います。

3.5　山形鋼・みぞ形鋼の加工

山形鋼とみぞ形鋼は、補助部材として用いられることが多く、必要な加工は**図5**のように切断と孔あけの2種類です。切断は、バンドソー、丸鋸、シャーの3種類、孔あけはドリル、パンチの加工手段があります。機械はいずれも、切断と孔あけを1台で行う複合機です。

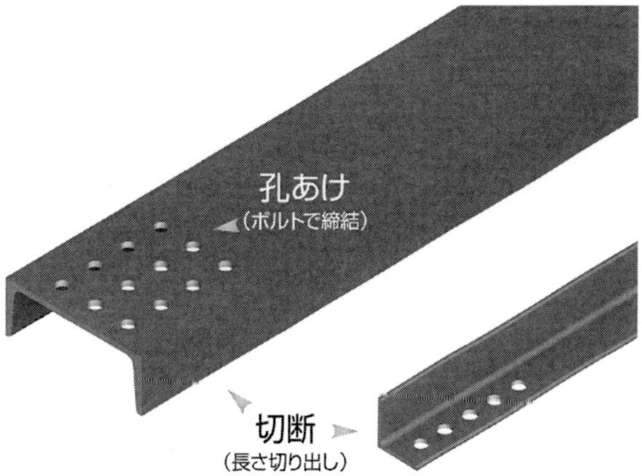

①バンドソー切断＋ドリル孔あけ

中板から厚板相当の材料を幅500mmまで加工することができます。

②丸鋸切断＋ドリル孔あけ

①と同様、厚板相当の材料を幅400mmまで加工することができます。

③シャー切断＋パンチで孔あけ

加工速度は3つの中で最も速いものの、中板相当で、幅150mmまでという制約があります。

図5　山形鋼とみぞ形鋼の加工

● ● 提案のかんどころ ●

4　お仕事に活かしていただくには？

　さて、ここまでステップ１の内容をご紹介してきましたが、明日から皆様のお仕事に活かしていただくためには、どうしたら良いでしょうか。

　私たちのイチ押しの方法は、お客様への質問です。「何の物件を手がけられているか」など、まずは、お客様の仕事内容を知るところから初めてみてください。お客様との共通認識を持てれば、より中身の濃いお話ができます。もしかしたら、大阪北ヤードや名古屋駅前の再開発、東京オリンピックの関連施設など、話題のプロジェクトに参加されているかもしれません。物件が分かれば、どんな大きさの、どんな材料を加工されるのか、推察することができます。

　また、仕事の様子を観察する方法も効果的です。もし、ずっと一つの作業をされていたら、時間のかかる工程である証拠です。どうしたら時間短縮を図れるのか、考えてみてください。他にも、何人かで取り組まれている作業の機械代替をご提案できれば、人材不足に頭を悩ませている経営者の方に喜んでいただけるでしょう。

　もちろん、ヒントを見つけても、解決策をご提案するには情報収集が必要です。先日、皆様にお配りした資料の中には、加工の種類別に、取り扱いメーカーが記載されています。各メーカーのホームページでは、全製品や納入実績の閲覧、資料請求や見積もりもできるようになっていますので、「誰に質問したら良いのか分からない」場合にお勧めです。機械の動きや加工内容を知りたいときには、YouTubeをご覧ください。メーカーを超えて、気軽に同等製品を見比べることができます。

　「何をどのように加工する機械なのか」が分かれば、展示会に行かれるのがベストでしょう。資料でしか知り得なかった機械のスケール感、実演加工などを目の当たりにされると、理解が深まります。特に、国際ウエルディングショーを始めとした大きな展示会では、お目当てのメーカーが一同に介していることが多く、個別に訪問するより効率的です。さらに、業界誌を開けば、新技術を初めとした業界の方向性が分かりやすく解説されていたり、注目を集めているお客様の特集や、メーカーの新製品情報も知ることができます。

　最後になりますが、皆様は、私たちメーカーよりもずっとお客様と接する回数・時間を多く持っておられます。せっかく納品に行かれるのなら、一言でも多く、言葉を交わしてみてください。お客様との会話は、雑談も含め、ヒントの塊です。きっと皆様なら、新たな商談のキッカケを掴まれるのに時間はかからないでしょう。

参考資料〔提案のかんどころ－資料編－〕より
　鉄骨構造の接合方法　………………………………………………………　56ページ

機械・工具必携ハンドブック

クレーン・ホイスト
基礎知識と提案のかんどころ

1　クレーンとは？

　クレーンとは、動力により荷をつり上げ、これを水平に運搬することを目的とする機械装置を示します。このクレーンの『動力によって』の部分に使用される装置がホイストに該当します。

　また、水平に運搬することは人力によるものも含まれます。

　つり上げ荷重が 0.5t 未満のものはクレーン等有安全規則でクレーンに該当しないと定められているので使用の制限がありません。

2　クレーンの分類

　クレーンの分類は『大分類、中分類、小分類』と細かく分かれています。この中で大分類については次のように分かれています。

- 天井クレーン
- アンローダ
- スタッカークレーン
- ジブクレーン
- ケーブルクレーン
- 橋形クレーン
- テルハ

2.1　クレーンの種類

　クレーンの分類で表される代表的なクレーンの種類には次のようなものがあります。色々な条件及び用途により選択されます。

- トップランニング式天井クレーン（シングルガーダ式）
- トップランニング式天井クレーン（ダブルガーダ式）
- サスペンション式天井クレーン

- ポスト形ジブクレーン
- ウォール形ジブクレーン
- 橋形クレーン
- テルハ
- すべり出し式天井クレーン
- 走行式ジブクレーン

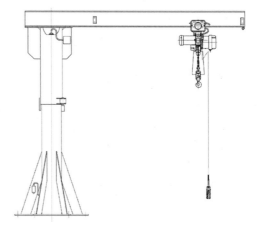

トップランニング式天井クレーン　　　ポスト形ジブクレーン

2.2　クレーン運転者の資格

　クレーン安全規則に定められた就業制限により、クレーンの運転には資格が必要です。クレーンの種類、定格荷重、操作方式により資格の要件が細かく分かれています。ただし、0.5t 未満のクレーンの運転について資格は必要ありません。また、クレーンの運転以外に玉掛業務についても資格が必要です。

クレーンの運転及び玉掛作業に必要な資格

運転するクレーンの種類	つり上げ荷重			
	0.5t 未満	0.5t 以上 5t 未満	0.5t 以上 5t 未満	5t 以上
クレーン	不要			クレーン・デリック運転士免許 （第 22 条）
床上運転式クレーン	不要	クレーン・デリック運転士免許 床上運転式クレーン限定免許 床上操作式クレーン運転技能講習 クレーン運転の業務の特別教育 （第 21 条）	クレーン・デリック運転士免許 床上運転式クレーン限定免許 （第 224 条の 2）
床上操作式クレーン	不要			クレーン・デリック運転士免許 床上運転式クレーン限定免許 クレーン運転の業務の特別教育 （第 22 条）
玉掛け作業者の資格		玉かけの業務に係る特別の講習 （第 222 条）		玉掛け技能講習 （第 221 条）

クレーン：運転室付及び無線操作式など全てのクレーンを含む

床上運転式クレーン：床上で運転し、かつ、当該運転するものがクレーンの走行とともに移動する方式のクレーンで、床上操作式クレーンを除くものをいう

床上操作式クレーン：床上で操作し、かつ、当該運転する者が荷の移動とともに移動する方式のクレーンをいう

注意：ここで『つり上げ荷重』とは、巻上機に負荷させられる最大の質量を示し、『定格荷重』はつり上げ荷重からフックなどの質量を差し引いた、ホイスト及びクレーンに銘板などで表示されている質量を示します。

3　ホイストとは？

　ホイストとは巻上装置の一般的な呼び方で、電気チェーンブロック、電気ホイストなどが該当します。原動機、減速装置、巻上装置（ワイヤロープ式におけるドラム、チェーン式におけるロードシーブ）、フックブロック、制御装置などを、ベースを使用せずに、一体にまとめた巻上装置です。横行装置を備えたものもあります。

　例えば、クレーンの分類においてもホイストを使用したクレーンは『ホイスト式天井クレーン』と呼ばれます。

　また、動力源として電気以外にも空気圧を利用したものがあります。

　それぞれの仕様、用途に応じて使用されます。

①電気ホイストは電動機を用い、ワイヤロープを巻き付けてあるドラムを減速回転させて、荷の巻上げ・巻下げを行う装置です。

②電気チェーンブロックは電動機を用い、ロードチェーンがかみ合っているロードシーブを減速回転させて，荷の巻上げ・巻下げを行う装置です。

　ともにクレーンとして使用する場合に横行装置が取り付きます。

　電気ホイストは揚程が長くなればドラムが大きくなり、外形寸法が大きくなります。比較的、高頻度の用途に使用されます。

　電気チェーンブロックは揚程が長くなっても本体の大きさは変わらず、チェーンブロック本体に取り付いたロードチェーンを収納するバケットを大きくすることで対応ができます。

提案のかんどころ

4 クレーン及びホイストの寿命

クレーン構造規格やJIS規格では，荷重の状態（使用される荷重）と等級に応じた総運転時間が規定されています。この総運転時間とはクレーン及びホイストの設計寿命を表します。

- 荷　　　重：定格荷重に対していつも使用する荷重の割合
- 総運転時間：廃棄までの使用時間
- 起 動 回 数：荷重を受ける回数

これらの条件により寿命が設定されます。

例：巻上機の等級（JIS規格）

荷重の状態	総運転時間　h									
	200	400	800	1600	3200	6300	12500	25000	50000	100000
軽 （非常にまれに定格荷重を受けるが，通常は軽荷重を受ける機械装置）			M1	M2	M3	M4	M5	M6	M7	M8
中 （ある程度の頻度で定格荷重を受けるが，通常は中荷重を受ける機械装置）		M1	M2	M3	M4	M5	M6	M7	M8	
重 （頻繁に定格荷重を受けるが，通常は中荷重以上を受ける機械装置）	M1	M2	M3	M4	M5	M6	M7	M8		
超重 （定常的に定格荷重を受ける機械装置）	M2	M3	M4	M5	M6	M7	M8			

注意：クレーンの等級とは異なります。

5 クレーンとホイストの安全な使用について

クレーンは製造する者、使用する者も法により規制されています。

1）使用するためには資格が必要です（専門の教育及び／又は専門の技能習得をした人）
2）クレーンは法定点検が必要です（年次点検、月例（定期）点検、日常点検等）
　　事業者は日常点検を除く点検記録を3年間保管しなければなりません（クレーン等安全規則第38条）
　　労働安全衛生法の改正（2006年4月）について

「事業者はリスクアセスメントを実施し、その結果に基づいて必要な措置を講じるよう努めなければならない」と定められました。この改正に基づき経年劣化による事故防止のリスクアセスメントについて、クレーン及びホイストについて次のような指針等が発行されています。
- ●経年クレーンの特別査定指針　（社）日本クレーン協会
- ●巻上機の特別アセスメント　　（社）日本産業機械工業会
  　　　　　　　　　　　　　　（社）日本電機工業会

安全提案例
1）フックの破損

破損したフック　　　　　　　正常なフック

　フックは異常を発見する指標となります。フックは2倍以上の過負荷が掛かった場合に伸び（変形）が発生する事があります。伸びたフックを使用しているホイストは、過負荷が作用した可能性があります。ホイストに過負荷が作用した場合、目で見えないダメージを受け、突然の破損事故につながる可能性があります。安全対策として交換等を提案することができます。
　また、フックに取り付けている外れ止めは、安全のため取り付けが義務づけられています。破損していれば補修が必要となります。

2）空間利用
　クレーンは頭上の空間が利用できます。機械設備等の配置により搬送通路がない場合に有効です（狭い場所での転倒防止にもなります）。

3）専用クレーン

　一般的な天井クレーン以外にジブクレーンなどは設備機械専用で設置できます。床、柱等に取り付けて、特定の場所で荷の上げ下ろしができます。その中で、ポスト形ジブクレーンは床に設置するためコンクリートなどの基礎が必要です。ウォール形ジブクレーンは柱に設置しますが、柱の強度が必要です。

　これらの専用クレーンの設置は、軽いからといって人力で荷物の上げ下ろしをした場合の腰痛防止に役立ちます。

　平成18年の改正労働安全衛生法　第28条の2　危険性・有害性等の調査及び必要な措置の実施において、平成25年6月18日付で「職場における腰痛予防対策指針」が改訂され、男子労働者が人力のみにより取り扱う物の重量は、体重のおおむね40％以下となるように努めることとなりました。専用クレーンを設置することにより、腰痛防止の提案となります。

6　クレーン・ホイストの最新トレンド

1）インバータホイスト

　インバータホイストは電子回路により周波数を変換し、速度を自在に設定できます。

・インバータのメリット

①スムーズな加速・減速で、荷揺れを防ぐ
②緩起動・緩停止により歯車等のショックが少なくなり、機械寿命が延びる
③電磁接触器を使わない無接点方式の場合、電気接点がないので消耗部品がない
④無負荷又は軽負荷高速機能で稼動効率が高まる
⑤緩停止により回転数が低下してからブレーキを作動させるので機械的ブレーキ寿命が延びる（ブレーキの減りが少なくなる）
⑥任意の速度変更が可能

・インバータのデメリット

①電気部品には限られた寿命があるので交換が必要となります（コンデンサ、冷却ファン等）

※従来の接触器制御では使用しなければその未使用の期間は寿命が延びます

2）高効率モータ

　一般のモータ（連続使用）は高効率モータに移行しつつあります。将来的にはクレーン関係のモータも変わるでしょうが、クレーン関係のモータは短時間の使用で起動及び停止が多く、現状ではコストと性能のバランスよりメリットがあまりありません。

3）最新小形電気チェーンブロック

　最新の小形電気チェーンブロックには次のような特長があります。
①家庭用単相100Vから工場用単相200Vまでのフリー電源対応

②インバータによる手元速度可変制御
③インバータ＋エンコーダによる安定速度制御
④DCブラシレスモータによりブラシ交換が不要、及びブラシによる
⑤スパークノイズレス
⑥電子式＋機械式の2重の過負荷防止機構
⑦サーマルプロテクタによるモータ加熱検知、停止機構
⑧緩起動コントロールによる省電力

4）クレーンシステム（ハンドクレーン）

　ハンドクレーンは色々な巻上機及びバランサーを取り付けて効率的な空間搬送を実現します。大型クレーン、天井クレーンなどは設置前から建屋等の計画をしなければならず、専門的な工事が必要です。市場では大型クレーンでなく、比較的軽量な荷物をつって搬送するための簡単なクレーンが販売されています。軽量物の搬送に適した手押し式のハンドクレーン（軽量形クレーン）は次の特長があります。

①支持金具の球面軸受けによりレールが搬送物に追随し手押し力が軽い
②走行と横行の同時移動により目的地までの搬送が最短
③建屋への設置は溶接がなく、移設等の再利用が可能
④樹脂車輪トロリによる走行抵抗の軽減で手押し力が軽い
⑤樹脂車輪トロリにより騒音が低減
⑥標準化された部品によりモノレールシステム（テルハ）、シングルガーダクレーン、ダブルガーダクレーン等、用途に合わせた自由な構成が可能
⑦レールの分岐、電動トロリ等の拡張が可能
⑧鋼板製レール以外にも軽量・高耐食性のアルミレールも流通しています

7　クレーン・ホイスト仕様確認ポイント

　クレーン・ホイストの引き合いに対して確認すべき内容は次のとおりです。これら仕様の確認は商談において必要となります。

- 定格荷重
- クレーンの種類（テルハ、トップランニングクレーン、サスペンションクレーン）
- スパン（La）＊支持間
- 全長（Lb）
- 走行距離
- 建屋高さ（H）
- 建屋支持ばりの種類（H形鋼等種類）
- 走行駆動方式（電動、鎖動、手押し）

提案のかんどころ

巻上部分
- 巻上機の種類（電気チェーンブロック、電気ホイスト、エアホイスト等）
- 揚程
- 電源電圧
- 横行駆動方式（電動、鎖動、手押し）

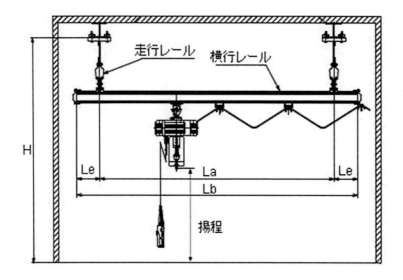

機械・工具必携ハンドブック

提案のかんどころ—資料編—

レーザ加工システムの構成

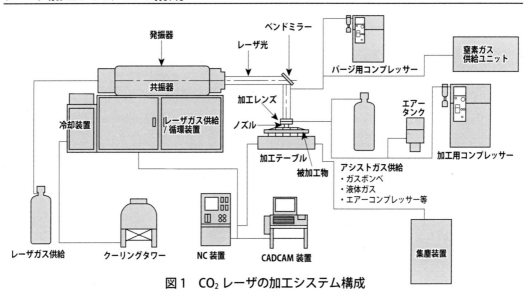

図1 CO_2 レーザの加工システム構成

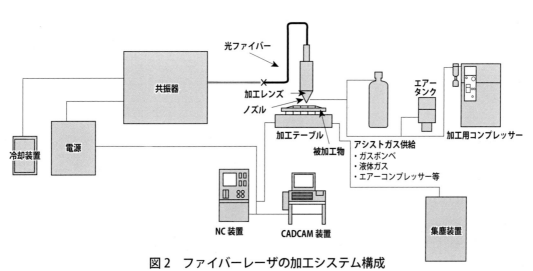

図2 ファイバーレーザの加工システム構成

主要材料の化学成分表（鉄鋼）

名　　称	JIS 記号	化　学　成　分　wt%			
		C	Mn	Si	P, S
熱間圧延軟鋼材	SPHC,D,E	0.15 以下	0.60 以下		0.050 以下
冷間圧延軟鋼材	SPCC,D,E	0.12 以下	0.50 以下		0.045 以下
一般構造用圧延軟鋼材	SS400	制限なし			0.050 以下
機械構造用炭素鋼	S10C	0.10	0.45	0.20	0.035 以下
	S45C	0.45	0.75	0.20	0.035 以下
	S55C	0.55	0.75	0.20	0.035 以下
		C	Cr	Mo	Ni
機械構造用合金鋼	SCr	0.13～0.48	0.90～1.80		
	SCM	0.12～0.48	0.90～1.20	0.15～0.45	
	SNC	0.11～0.40	0.20～1.00		1.00～3.50
	SNCM	0.12～0.50	0.40～3.50	0.15～0.70	0.40～4.50
		C	Cr	Ni	Mo	Cu
ステンレス鋼	SUS304	0.08	19.0	9.25		
	SUS310S	0.08	25.0	20.5		
	SUS316	0.08	17.0	12.0	2.50	
	SUS430	0.12	17.0			
	SUS410	0.15	12.50			
	SUS630	0.07	16.50	4.0		4.0
		C	Cr	Mo	W	V	Co	Ni
炭素工具鋼	SK35	1.0						
高速度工具鋼	SKH2	0.8	4.2		18.0	1.0		
	SKH3	0.8	4.2		18.0	1.0	5.00	
	SKH51	0.9	4.2	5.0	6.0	2.0		
合金工具鋼	SKS5,51	0.8	0.4					1.4
	SKS3,31	1.0	0.8		1.0			
	SKS11,12	1.3	9.0	1.0		0.4		
ばね鋼	SUP3	0.8						
	SUP9	0.6	0.8					

注 1. 表中数値で範囲を示していないものは平均値を表します。
注 2. 軟鋼材以外は、Mn, Si, P, S は省略してあります。

主要材料の化学成分表 (非鉄)

○アルミニウム合金

名　　称	JIS 記号	化学成分　%									
		Al	Si	Fe	Cu	Mn	Mg	Cr	Zn	Zr,Zr+Ti,Ga,V	Ti
純アルミ系	A1050～1085	99.5以上	0.25以下	0.4以下	0.05以下	0.05以下	0.05以下	-	0.05以下	-	0.03以下
	A1100～1N30	99.0以上	Si-Fe1.0以下		0.2以下	0.05以下	0.1以下	-	0.1以下	-	0.1以下
Al-Cu 系	A2014～2219	99.0～95.0	0.5以下	0.7	3.5～6.8	0.2～1.2	1.8	0.1	0.25	Zr+Ti 0.2以下	0.15
Al-Mn 系	A3003～3105	95.0～98.0	0.6	0.8	0.3	0.3～1.5	1.3	0.2	0.4	Ga0.05以下、V0.05以下	0.1以下
Al+Mg 系	A5005～5N01	86.0～94.5	0.4以下	0.5	0.20以下	1.0	0.2～5.0	0.35以下	0.25	-	0.2以下
Al-Mg-Si	A6061	95.9～98.6	0.4～0.8	0.7	0.15～0.4	0.15以下	0.8～1.2	0.04～0.35	0.25以下	-	0.15以下
Al+Zn+Mg+Cu 系	A7075～7N01	86.9～91.4	0.4以下	0.5	2.0	0.3	1.0～2.9	0.3	4.0～6.1	Zr+Ti 0.25以下	0.2以下

○銅合金

名　　称	JIS 記号	化学成分　%									
		Cu	Pb	Fe	Sn	Zn	Al	Mn	Ni	P	その他
無酸素銅	C1020	99.96以上	-	-	-	-	-	-	-	-	-
タフピッチ銅	C1100	99.9以上	-	-	-	-	-	-	-	-	-
りん脱酸銅	C1201～1221	99.75以上	-	-	-	-	-	-	-	0.004～0.04	-
丹　銅	C2100～2400	78.5～96.0	0.05以下	0.05以下	-	残部	-	-	-	-	-
黄　銅	C2600～2801	59.0～71.5	0.07以下	0.07以下	-	残部	-	-	-	-	-
快削黄銅	C3560～3713	58.0～64.0	0.6～3.0	0.1以下	-	残部	-	-	-	-	-
すず入り黄銅	C4250	87.0～90.0	0.05以下	0.05以下	1.5～3.0	残部	-	-	-	0.35以下	-
アドミラルテイ黄銅	C4430	70.0～73.0	0.05以下	0.05以下	0.9～1.2	残部	-	-	-	-	As0.02～0.06
ネーバル黄銅	C4621～4640	59.0～64.0	0.20以下	0.10以下	0.5～1.5	残部	-	-	-	-	-
りん青銅	C5111～5212	Cu+Sn+P 99.5以上	-	-	3.5～9.0	-	-	-	-	0.03～0.35	-
アルミニウム黄銅	C6140～6301	77.0～90.0	0.01以下	1.5～6.0	-	0.20以下	6.0～11.0	0.5～2.0	0.5～7.0	0.015以下	-
白　銅	C7060～7150	Cu+Ni+Fe+Mn 99.5以上	0.05以下	0.4～1.8	-	0.5以下	-	0.2～1.0	9.0～33.0	-	-
洋　白	C7351～7541	60.0～75.0	0.1以下	0.25以下	-	残部	-	0～0.5	8.5～19.5	-	-

*「無酸素銅」「タフピッチ銅」「りん脱酸銅」を総称して純銅と呼ばれています。

提案のかんどころ

めっき鋼板

名　　称	記　号	めっき付着量	適用板厚
電気亜鉛めっき鋼板	SECC	3〜50g/㎡	0.4〜4.5mm
溶融亜鉛めっき鋼板	SGCC	80〜600	0.4〜6.0
塗装溶融亜鉛めっき鋼板	CGCC	40〜600	0.25〜1.6
溶融アルミニウムめっき鋼板	SA1C	40〜200	0.40〜2.3
溶融亜鉛・アルミめっき鋼板	SZAHC	80〜275	0.4〜2.3

注 1．電気亜鉛めっき鋼板のめっき付着量

表　示　記　号	EB	E8	E16	E24	E32	E40
めっき付着量(g/㎡)	3	10	20	30	40	50
めっき膜厚(mm)		0.001	0.003	0.004	0.005	0.006

注 2．溶融亜鉛めっき鋼板のめっき付着量

表　示　記　号	Z08	Z20	Z35	Z60	F60	F12
めっき付着量(g/㎡)	80	200	350	600	60	120
めっき膜厚(mm)	0.017	0.04	0/064	0.1.2	0.013	0.026

〈めっき鋼板のメーカと商品名〉

溶融亜鉛めっき鋼板	電気亜鉛めっき鋼板	その他の溶融めっき鋼板
リバーゼット　　　（川　鉄）	リバージング　　　（川　鉄）	リバーアロイ　　　（川　鉄）
タフジンク　　　　（住　金）	スミジング　　　　（住　金）	ガルバエースアロイ（神　鉄）
ガルバエース　　　（神　鋼）	コーベジング　　　（神　鋼）	シルバーアロイ　　（新日鉄）
シルバージング　　（新日鉄）	ジンコート　　　　（新日鉄）	ガルバリウム鋼板　（新日鉄）
ペンタイト　　　　（日鋼管）	ボンデ鋼板　　　　（新日鉄）	ターンシート　　　（新日鉄）
	UZ　　　　　　　　（日鋼管）	ペンタイト　　　　（日新鋼）
		タフジンク　　　　（住　金）

鋼板重量表

種類	大きさの呼称 タテ×ヨコ (mm × mm)		3×6(サブロク) 914×1829	4×8(シハチ) 1219×2438	5×10(ゴトウ) 1524×3048
	板厚 (mm)	単位重量 (kg/㎡)	1枚の重量 (kg)		
鋼板	0.3	2.4	3.9	7.0	
	0.4	3.1	5.2	9.3	
	0.5	3.9	6.5	11.7	
	0.6	4.7	7.9	14.0	
	0.9	7.1	11.8	21.0	
	1.2	9.4	15.8	28.0	
	1.6	12.5	21.0	37.3	
	2.0	15.7	26.2	46.7	
	2.3	18.1	30.2	53.7	
	2.6	20.4	34.1	60.7	
	2.9	22.8	38.0	67.6	
	3.2	25.1	42.0	74.7	117
	4.5	35.3	59.1	105	164
	6.0	47.1	78.8	140	219
	8.0	62.8	105	187	292
	9.0	70.6	118	210	328
	12.0	94.2	158	280	438
	14.0	110		303	474
	16.0	126		373	583
	19.0	149		443	693
	22.0	173		514	802
アルミ	1.0	2.7			
銅	1.0	8.9			
黄銅	1.0	8.5			
チタン	1.0	4.5			

工業材料元素の性質

元素名	記号	比重 g/cc	融点 ℃	沸点 ℃	比熱 Cal/g℃	熱膨張係数 ×10⁻⁶	熱伝導率 Cal/cms℃
亜鉛	Zn	7.133	419.5	906	0.0915	39.7	0.27
アルミニウム	Al	2.699	660	2450	0.215	23.6	0.53
アンチモン	Sb	6.62	630.5	1380	0.049	8.510.8	0.045
イリジウム	Ir	22.5	2454	5300	0.0307	6.8	0.14
金	Au	19.32	1063	2970	0.0312	14.2	0.71
銀	Ag	10.49	960.8	2210	0.056	19.68	1.0
クロム	Cr	7.19	1875	2665	0.11	6.2	0.16
ケイ素	Si	2.33	1410	2680	0.162	2.87.3	0.2
ゲルマニウム	Ge	5.323	937.4	2830	0.073	5.75	0.14
コバルト	Co	8.85	1495	2900	0.099	13.8	0.165
ジルコニウム	Zr	6.489	1852	3580	0.067	5.85	0.211
すず	Sn	7.298	231.9	2270	0.054	23	0.15
タングステン	W	19.3	3410	5930	0.033	4.6	0.397
炭素	C	2.25	3727	4830	0.165	0.64.3	0.057
タンタル	Ta	16.6	2996	5425	0.034	6.5	0.13
チタン	Ti	4.507	1668	3260	0.124	8.41	6.6
鉄	Fe	7.87	1536.5	3000	0.11	11.76	0.18
銅	Cu	8.96	1083	2595	0.095	16.5	0.941
鉛	Pb	11.34	327.4	1725	0.031	29.3	0.083
ニオブ	Nb	8.57	2468	4927	0.065	7.31	0.125
ニッケル	Ni	8.902	1453	2730	0.105	13.3	0.22
白銀	Pt	21.48	1769	4530	0.031	8.9	0.165
パナジウム	V	6.1	1900	3430	0.119	8.3	0.074
ベリリウム	Be	1.848	1277	2770	0.54	11.6	0.35
マグネシウム	Mg	1.74	650	1170	0.245	27.1	0.368
マンガン	Mn	7.43	1245	2150	0.115	22	—
モリブデン	Mo	10.22	2610	5560	0.066	4.9	0.34

金属材料の物理的性質

合　金　名	化学組織	比重 g/cc	沸点 ℃	比熱 Cal/g℃	熱膨張係数 ×10⁻⁶	熱伝導率 Cal/cms℃
超ジュラルミン	Cu,Mg,Mn,Fe,Al	2.8	650	0.23	22.8	0.45
ジュラルミン	Cu,Mg,Mn,Al	2.79	650	0.2	22.6	0.39
高炭素鋼	C0.8～1.6,Fe	7.82	1340	0.12	10	0.09～0.10
軟鋼	c0.12～0.2,Fe	7.86	1470	0.11	11.2	0.12～0.14
黒心可鍛鋳鉄	C2.5～4,Si,Mn,Fe	7.35	1130	0.11	11.55	0.09
ねずみ鋳鉄	C2.8～3.8,Fe,	7.2	1200	0.13	9.2～11.8	0.08～0.13
アルミニウム青銅	Al,Mn,Fe,Cu	7.6	1040	0.104	17	0.144
七三黄銅	Cu70,Zn	8.54	950	0.09	19	0.26
四六黄銅	Cu60,Zn	8.39	905	0.09	18.4	0.19
りん黄銅	Sn,P,Cu	8.78	100	0.09	18.4	0.12
洋銀	Cu.Ni,Zn	8.3～8.7	1050	0.1	1821	0.59～1.0
ベリリウム銅	Be,Co,Cu	8.2	900	0.1	16.6	0.25
高カマンガン青銅	Fe,Al,Mu,Cu	7.9	899	-	19.8	銀の13%
クロム鋼	C,CR,Fe	7.84	-	0.11	11.2	0.1～0.12
ムロムステンレス鋼	C,Mn,Cr,Ni,Fe	7.7	1520	0.11	11.0	0.06
クロムニッケルステンレス鋼	Cr18,Ni8,Fe	7.91	1410	0.12	17.1	0.04
ケイ素鋼	C,Mn,Si,Fe	7.7	1480	-	12～15	0.5～1.2
ニッケルクロム鋼	Co,Ni,Cr,Fe	7.8	1480	-	13.3	0.08～0.1
モリブデン鋼	Co,Mo,Fe		1480		13.3	0.1～0.12
ホワイトメタル	Sn80～90,Sb,Cu	7.38	300	-	20	0.25
アンバ	Fe64,Ni36	8.15	1425	0.12	1.2	0.02
コンスタンタン	Ni,40～45,Cu	8.6～8.9	1260	0.094	14.9	0.005
ハステロイ	Mo20,Fe20,Ni60	8.8	1320	0.094	2.27	0.004
パーマロイ	Ni78.5,Mn,Fe	8.6	1540	-	13.5	-
モネメタル	Ni65～70,Cu26,Fe	8.84	1320	0.127	14	0.06
ニクロム	Cr20,Mn,Ni78	8.4	1400	0.107	17.6	-
インコネル	Fe6,Cr14,Ni80	8.51	1410	0.109	11.5	0.04

提案のかんどころ

鉄骨構造の接合方法

鋼材の接合方法の種類

鋼材の接合方法には，高力ボルトやボルトを使用した機械的接合法と，溶接のように金属を溶かして一体化する冶金（やきん）的接合法がある。

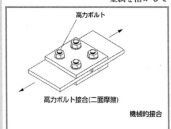

高力ボルト接合（二面摩擦）
機械的接合

高力ボルト接合

ボルト接合（二面せん断）

ボルト接合

間柱と梁の接合や
アンカーボルト等

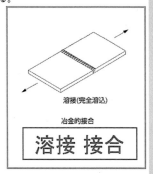

溶接（完全溶込）
冶金的接合

溶接 接合

高力ボルト接合の各部の名称

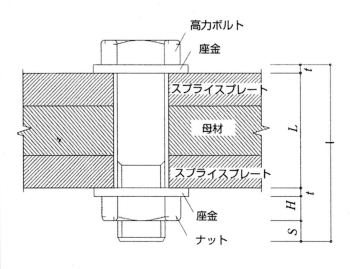

記号

l：呼び長さ

t：座金の厚さ

L：締付けの長さ

H：ナットの高さ

S：ねじの余長
　　（$3p$程度）

p：ねじのピッチ

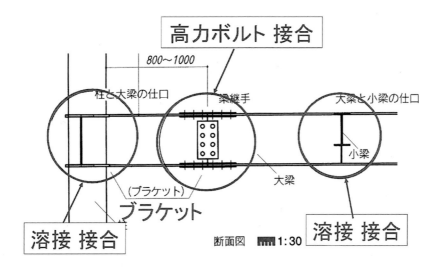

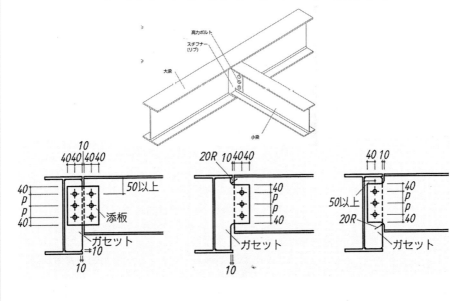

提案のかんどころ

鉄骨構造の接合方法

柱の高力ボルト接合

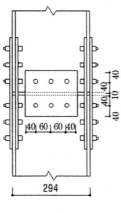
ウェブ部

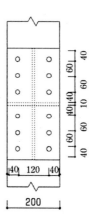
フランジ部

柱-柱継手の高力ボルトの配置例

柱と梁の仕口部の詳細

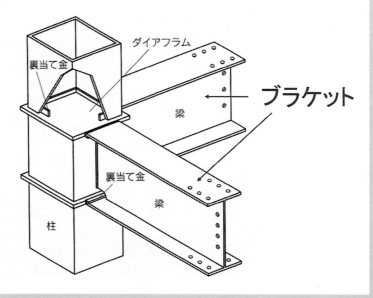

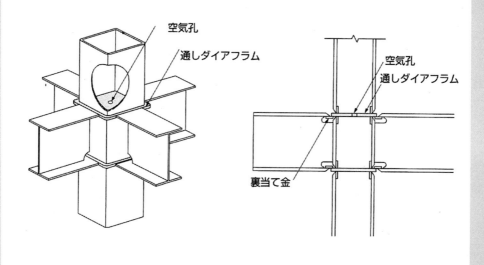

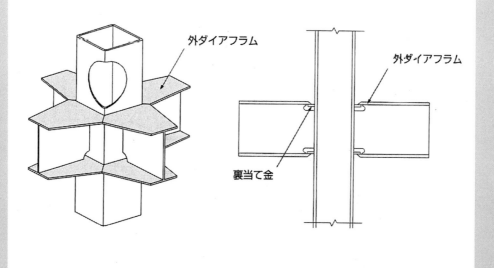

鉄骨構造の接合方法

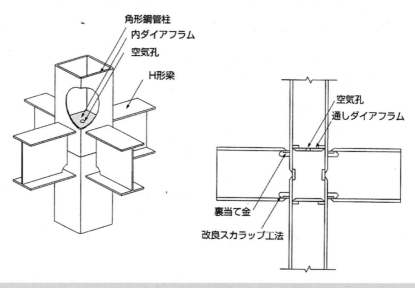

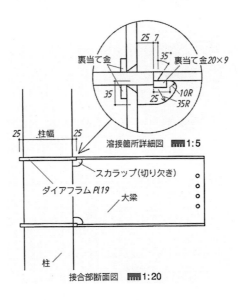

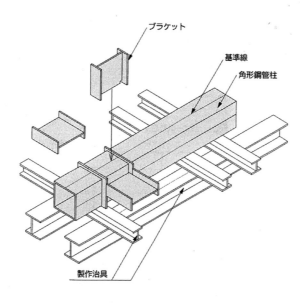

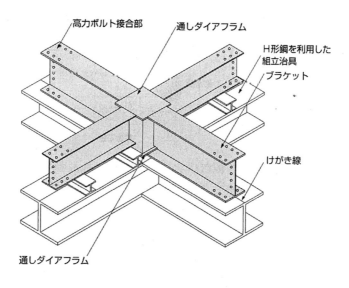

機械・工具必携ハンドブック

提案のかんどころ

2016年4月10日 初版第1刷発行

編集・発行　産報出版株式会社
　　　　　　〒101-0025 東京都千代田区神田佐久間町1-11
　　　　　　TEL. 03-3258-6411／FAX. 03-3258-6430
　　　　　　ホームページ　http://www.sanpo-pub.co.jp/
印刷・製本　株式会社イマジンクリエイション

©SANPO PUBLICATIONS, 2016　ISBN978-4-88318-047-9　C3053　Printed in Japan
定価は裏表紙に表示しています。
万一, 乱丁・落丁がございましたら, 発行所でお取り替えいたします。